elektronische datenverarbeitung

Beiheft 5

Redaktion Dr. H. K. SCHUFF

Eike Jessen

Assoziative Speicherung

Mit 21 Bildern

Springer Fachmedien Wiesbaden GmbH

Inhalt

1. Einleitung und Überblick ... 1

2. Konstruierende und zuordnende Informationsverarbeitung
   - 2.1 Zusammenfassung der Merkmale ... 3
   - 2.2 Komplexität ... 3
   - 2.3 Relative Länge ... 3
   - 2.4 Starrheit und Veränderlichkeit ... 4
   - 2.5 Konstruktion und Zuordnung ... 4
   - 2.6 Sequentielle, kommutative und simultane Vorschriften ... 4
   - 2.7 Eignung der Rechenmaschine ... 5
   - 2.8 Zuordnung und Assoziation ... 6

3. Der Begriff der Assoziation in der Psychologie ... 6

4. Einführung eines technischen Assoziationsbegriffes ... 6
   - 4.1 Texte und Textkapazität ... 7
   - 4.2 Technische Assoziationsbegriffe ... 7
   - 4.3 Beziehungen zwischen den Assoziationsproblemen ... 7
   - 4.4 Rückführung der Assoziationsgesetze auf Teilidentität und Vollidentität ... 7
   - 4.5 Vergleich mit psychologischen Begriffen und Beispielen aus dem menschlichen Denken ... 8
   - 4.6 Beispiele aus der maschinellen Nachrichtenverarbeitung ... 8
   - 4.7 Nebenaufgaben bei variabler Zuordnung ... 8
   - 4.8 Mehrfachassoziationen ... 9

5. Organisationsformen zu Lösung der Assoziationsaufgabe
   - 5.1 Assoziative und reinassoziative Speicher ... 9
   - 5.2 Adressenspeicher und Assoziationsprobleme ... 10
   - 5.3 Ordnungs- und Notierungsprinzip ... 10
   - 5.4 Mischung von Ordnungs- und Notierungsprinzip (Adressenprinzip) ... 19

6. Hinweise auf das menschliche Gedächtnis ... 20

7. Übersicht über Arbeiten auf dem Gebiet der assoziativen Speicherung
   - 7.1 Gesamtübersicht ... 21
   - 7.2 Vertikale Datenverarbeitung ... 21
   - 7.3 Algorithmen von Frei und Goldberg, von Seeber und Lindquist und von Lewin ... 21
   - 7.4 Das "Katalog-Gedächtnis" von Slade und McMahon ... 23
   - 7.5 Der gewebte Kryotron Speicher von Slade ... 23
   - 7.6 Der vielfach adressierbare Speicher von Coil ("Librafile") ... 23
   - 7.7 Die Sortierspeicher von Seeber und Lindquist ... 24
   - 7.8 Der assoziative Magnetkernspeicher von Kiseda, McDermid, Petersen, Seelbach und Teig ... 24
   - 7.9 Der assoziative Speicher von Learn ... 25
   - 7.10 Das datenadressierte Gedächtnis nach Newhouse und Fruin ... 25
   - 7.11 Der inhaltsadressierte Speicher von Lewin ... 26
   - 7.12 Der assoziative Speicher von Davies ... 26
   - 7.13 Plan eines assoziativen Rechners von Rosin ... 26
   - 7.14 Das "Tag Memory" der Goodyear Aircraft Corporation ... 26
   - 7.15 Der "inhaltsadressierbare Speicher mit verteilter Logik" nach Lee und Pauli ... 26

8. Ein neuer assoziativer Speicher
   - 8.1 Besondere Aufgabenstellung: Flugsicherung ... 26
   - 8.2 Systemeigenschaften ... 27
   - 8.3 Bauteile und Mikrooperationen ... 31
   - 8.4 Befehle und Mikroprogramme ... 33
   - 8.5 Lösung der Flugsicherungsaufgabe ... 37
   - 8.6 Technische Einzelfragen ... 40
   - 8.7 Leistungsfähigkeit ... 40

Verzeichnis der verwendeten Formelzeichen zu Kapitel 1 - 7 ... 40

Literaturverzeichnis ... 41

1965

ISBN 978-3-322-97900-1   ISBN 978-3-322-98425-8 (eBook)
DOI 10.1007/978-3-322-98425-8

Alle Rechte vorbehalten von
Friedr. Vieweg & Sohn, Verlag, Braunschweig

Vorwort

Die vorliegende Arbeit ist wesentlich durch Herrn Professor W. Haack angeregt worden. Ich habe mich unter seiner Leitung mit Fragen der Automatisierung der Flugsicherung beschäftigt. Diese Aufgaben sind dadurch gekennzeichnet, daß bei der Verwendung von elektronischen Rechenmaschinen Listen im Speicher geführt werden müssen, die schwierig zu organisieren sind. Es erweist sich, daß für die meisten dieser Listen der Adressenspeicher nur eine sehr unbeholfene Lösung bietet. Eine ähnliche Problematik tritt auch bei zahlreichen anderen Aufgaben der Informationsverarbeitung auf. Es ist jedoch so, daß Flugsicherungsprobleme im allgemeinen ganz besondere Forderungen an eine sehr schnelle Verarbeitung stellen, so daß organisatorische Unzulänglichkeiten gerade hier beseitigt werden müssen.

Ich möchte an dieser Stelle den vielen herzlich danken, die zu dieser Arbeit beigetragen haben; dabei ist zuerst Herr Professor Haack selbst zu nennen; dann aus meiner eigenen Arbeitsgruppe Herr Dr. Springer und Fräulein Lotz; darüber hinaus haben Herr Töpfer und Herr Schrödter (Hahn-Meitner-Institut Berlin) mit Fräulein Lenke und Fräulein Schierarndt die notwendigen numerischen Rechnungen am elektronischen Rechner durchgeführt; zu besonderem Dank für Diskussionen und Hinweise bin ich auch Herrn Dr. Bruhn, Herrn Dr. Güntsch und Herrn Schwarzer (beide in Konstanz) verpflichtet.

E. Jessen

1. Einleitung und Überblick

In den letzten zehn Jahren hat sich das Arbeitsgebiet der digitalen nachrichtenverarbeitenden Automaten beträchtlich erweitert. Ihre ursprüngliche Domäne war die Erledigung mathematisch-technischer Rechnungen. Heute werden diese Automaten aber auch für eine große Anzahl von Aufgaben eingesetzt, die nicht mehr wie mathematische Operationen geradenwegs durch einen Kalkül beschrieben und gelöst werden können. Beispiele für solche Aufgaben sind: Sprachübersetzung, kompliziertere Formen von Planungs- und Verwaltungsarbeiten, Zeichenerkennung und Lernen.

Trotz des Aufgabenwandels hat sich aber die interne organisatorische und logische Struktur der Maschinen nicht wesentlich geändert. Es handelt sich weiter um Rechenmaschinen, auf denen durch eine Reihe von zusätzlichen allgemeinen "logischen" Grundoperationen und geschickte Programmierung auch nichtarithmetische Probleme gelöst werden können. Die vorliegende Arbeit beschäftigt sich nun mit einem besonderen Aspekt dieser heutigen Diskrepanz zwischen Herkunft und Verwendung der nachrichtenverarbeitenden Automaten, und zwar wird geprüft, wieweit das klassische Konzept des Adressenspeichers für die neuen Aufgaben geeignet ist und welche Hilfe neuartige Entwürfe, insbesondere sogenannte "assoziative Speicher" leisten können. Diese Speicher erlauben es, einen Inhalt aufzurufen, den man wenigstens ungefähr bezeichnen kann, z.B. durch Angabe von Teilen des Gesamtwortes. Eine Kenntnis der Adresse ist dabei nicht erforderlich.

Mir scheint, daß es zunächst nötig ist, einige Unterschiede zwischen dem klassischen Aufgabentyp und dem neuen zu klären, bevor man daran gehen kann, die Brauchbarkeit der klassischen Maschinen und insbesondere der klassischen (Adreß-)Speicher zu prüfen. Diese Voruntersuchung ist Inhalt des 2. Kapitels.

Ein guter Repräsentant für die logischen Eigenschaften des klassischen Aufgabentyps ist eine einfache arithmetische Aufgabe, z.B. das Ziehen einer Quadratwurzel, sei es iterativ oder durch einen divisionsartigen Algorithmus. Für den zweiten Aufgabentyp soll das Auffinden einer Wortentsprechung mit Hilfe eines gespeicherten Sprachlexikons stehen. Wesentlich ist nun, daß im ersten Fall aus den Eingangsgrößen das Ergebnis durch einen Kalkül, im zweiten Fall durch einen Katalog gefunden wird. Im ersten Fall schreitet die Verarbeitung nacheinander konstruierend in einer Richtung zum Endergebnis hin, das nicht explizit in der Maschine gespeichert ist; im zweiten Fall ist der Weg zum Ergebnis im allgemeinen weniger zielstrebig; dafür ist aber das Ergebnis bereits gespeichert und muß nur den Eingangsgrößen zugeordnet werden. Entsprechend sollen die "klassische" und "neue" Verarbeitungsart künftig als konstruierender Typ (Wurzelziehen) und zuordnender Typ (Sprachlexikon) bezeichnet werden.

Ein weiterer typischer Unterschied liegt in der relativen Länge der zugehörigen Programme (bzw. der zuordnenden Listen). Wenn man die Länge des Programmes (bzw. der zuordnenden Listen) mit der Gesamtheit aller zulässigen Eingangswerte vergleicht, so ist bei der konstruierenden Verarbeitung die Programmlänge klein gegen die Eingangsmannigfaltigkeit. Dagegen ist bei der zuordnenden Verarbeitung notwendig jede erklärte Eingangsgröße Listenbestandteil, und die Verarbeitungsvorschrift ist daher immer von der Größenordnung der Eingangsoperandenmannigfaltigkeit (Sprachlexikon).

Ein dritter eigentümlicher Unterschied besteht darin, daß der konstruierende Verarbeitungstyp für starre Vorschriften benutzt wird. Bei mathematisch-technischen Problemen, wie sie für den konstruierenden Typ kennzeichnend sind, ist die Struktur des Programmes weitgehend festgelegt. Entsprechendes gilt für die zu verarbeitenden Daten. Bei Stellung der Aufgabe sind ihre Bedeutung und wesentliche Eigenschaften (Größe) bereits übersehbar. Gerade diese Starrheit der Verarbeitungsvorschrift erlaubt die verhältnismäßig kurze Formulierung. Wenn die Verknüpfung von Eingangs- und Ausgangsgröße nicht mehr starr ist, werden günstiger Listen, d.h. das zuordnende Verfahren, benutzt. Daher tendieren alle Aufgaben, die Lernen bzw. Anpassung verlangen, zur Zuordnung. Andererseits müssen nicht alle zuordnenden Verarbeitungen variable Vorschriften durchführen (vergleiche Sprachlexikon, Codeliste, Funktionstabelle). Schließlich kann es in vielen Fällen einfach bequemer sein, nicht den verknüpfenden Kalkül zu programmieren, sondern alle benötigten Entsprechungen von Ein- und Ausgangsgrößen zu notieren und dann zuordnend vorzugehen.

Diese Unterscheidung und die früheren (Konstruktion und Zuordnung, relative Länge der Verarbeitungsvorschrift) sind, wie im 2. Kapitel genauer beschrieben wird, nur verschiedene Auswirkungen einer gemeinsamen Ursache. Die Aufgaben, die gewöhnlich konstruierend bzw. zuordnend gelöst werden, unterscheiden sich nämlich vor allem hinsichtlich ihrer logischen Komplexität. Und zwar ist die Konstruktion für die verhältnismäßig einfachen Verarbeitungsvorschriften, die Zuordnung für die komplexen Vorschriften geeignet.

Weiter beschäftigt sich das 2. Kapitel mit der Determiniertheit der Verarbeitungsfolge. Diese Frage hängt mit der Starrheit der Zuordnung von Eingangs- und Ausgangsgrößen, die bereits angeschnitten wurde, zusammen. Sie beschreibt, mit welcher Sicherheit auf einen Schritt genau ein bestimmter weiterer in der Verarbeitung folgen muß. Diese Frage ist insofern sehr interessant, als die Konstruktion heutiger Rechenautomaten mit einem Rechenwerk, Befehlszähler (das Programm ist ja als eine Serie von Befehlen notiert, Sprünge sind Ausnahmen) und dem durch Adressierung bis auf eine Zelle einzuengenden Speicher so geartet ist, als wäre nur eine derartige, streng sequentielle Programmfolge möglich. Andererseits sind Maschinen denkbar, die in zahlreichen Werken simultan arbeiten und für die daher Verarbeitungsvorschriften, die die parallele Ausführung mehrerer Operationen erlauben, sehr wichtig sind. Nun erlauben gerade die zuordnenden Vorschriften derartige Freiheiten. Daraus ergeben sich Einsichten in die Arbeitsweise des menschlichen Gehirns und vielleicht zukünftiger Automaten.

Insgesamt zeigt sich, daß die übliche Verarbeitungstechnik der Rechner, die auf einer Sequenz von im wesentlichen nur Stellen verknüpfenden Befehlen beruht, bei komplexeren Verarbeitungsvorschriften durch Listen von Einzelzuordnungen ersetzt werden muß. Für diese Aufgabe ist der Adressenspeicher nur noch in wenigen Fällen geeignet; sie entspricht der Fähigkeit des menschlichen Gedächtnisses, die **Assoziation** genannt wird. Und zwar bezeichnet man als Assoziation die Erscheinung, daß durch das Auftreten einer Vorstellung bestimmte Gedächtnisinhalte, die mit ihr im Zusammenhang stehen, reproduziert werden. Im **dritten Kapitel** wird der psychologische Assoziationsbegriff genauer referiert.

Im **vierten Kapitel** werden Assoziationsbegriffe, die zur Diskussion der maschinellen Assoziationsaufgaben geeignet sind, definiert. Das Gedächtnis wird als ein **Kollektiv von Texten** angesehen. Diese Texte sind voneinander unabhängige Einzelnachrichten, z.B. einzelne Entsprechungen eines Sprachlexikons, einzelne Planungsdaten der Flugsicherung, einzelne Tripel einer Funktion von zwei Variablen etc. Bei Stellung einer Assoziationsaufgabe wird - ganz allgemein gesehen - dem Kollektiv ein Text gegenübergestellt, der **Assoziationssubjekt** genannt werden soll. Vermöge eines **Assoziationsgesetzes**, das eine Beziehung, die zwischen dem Assoziationssubjekt und einem assoziierbaren Text im Kollektiv gilt, beschreibt, werden einer oder mehrere Texte im Kollektiv "angesprochen", die **Assoziationsobjekte** heißen sollen. Das Assoziationsgesetz ist sehr oft die Voll- oder Teil-Identität zwischen dem Assoziationssubjekt und -objekt. Es gibt vier verschiedene Assoziationsprobleme, je nachdem, ob nur festzustellen ist, ob wenigstens ein Objekt im Kollektiv existiert oder wie viele existieren oder wie irgendein Objekt lautet oder wie alle lauten. An einer Reihe von Beispielen aus der menschlichen und maschinellen Nachrichtenverarbeitung werden die Begriffe erläutert. Wenn das Kollektiv veränderlich ist, sind an ihm noch gewisse **Nebenaufgaben** zu lösen, die der Assoziation ähneln: das Löschen und Neueintragen von Texten. Hierbei können unter Umständen große Schwierigkeiten entstehen.

Im **fünften Kapitel** werden Organisationsformen, die die Assoziation erlauben, beschrieben. Es geht dabei darum, den Speicherinhalt so zu organisieren, daß die Zuordnung leicht bewerkstelligt werden kann und daß der Speicher trotzdem gut ausgenutzt wird. Zunächst werden assoziative und rein assoziative Speicher definiert. Dann wird der konventionelle Speicher als Grenzfall eines assoziativen beschrieben und dadurch erklärt, wie überraschend elegant oft Assoziationsprobleme in Adressenspeichern gelöst werden können. Im heute üblichen Adressenspeicher wird die von einem "Wort" getragene Information zum Teil explizit notiert, nämlich im Wort selbst, zum Teil aber implizit durch die Adresse (Stellung) des Wortes ausgedrückt. Es werden also zwei Prinzipien nebeneinander benutzt. Das eine heiße das **Notierungsprinzip**, es besagt, daß die volle Nachricht explizit notiert wird. Wenn ein Kollektiv nach dem Notierungsprinzip darzustellen ist, werden alle enthaltenen Texte "vollständig notiert". Ihre Anordnung spielt dann keine Rolle mehr. Solche Organisationen sind sehr flexibel. Demgegenüber drückt das **Ordnungsprinzip** die ganze Information eines Textes durch die Stellung eines Bits in einem anderen Text, dem Kollektivtext, aus. Dieses eine Bit besagt nur, ob der beschriebene Text im Kollektiv überhaupt existiert oder nicht; für jeden denkbaren Text ist eine Binärstelle reserviert.

Es ist dann zu untersuchen, wie weit die beiden Organisationsformen zu einer ökonomischen Speicherausnutzung führen können. Zur Beurteilung dieser Frage ist das Verhältnis der Anzahl der im Kollektiv vorhandenen Texte zur Anzahl aller bei vorgegebener Textlänge bildbaren Texte wesentlich. Ist das Kollektiv schwach besetzt, d.h. sind verhältnismäßig wenige, lange Texte vorhanden, so bietet das Notierungsprinzip eine sehr gute Speicherausnutzung. Schwach besetzte Kollektive sind weitaus am häufigsten. Da das Notierungsprinzip mit seiner bloßen adreßfreien Inhaltsdarstellung dem assoziativen Speicher entspricht, erklärt sich auch hieraus die Bedeutung assoziativer Speicher. Dagegen sind Kollektive, in denen ungefähr die Hälfte aller denkbaren Texte vorhanden ist, selten. Für sie bietet das Ordnungsprinzip die geeignetste Speicherung. Der Fall, daß in einem Kollektiv fast alle denkbaren Texte vorhanden sind, entspricht dem schwacher Besetzung; man kann ja die wenigen fehlenden Texte notieren; hier ist also wieder das Notierungsprinzip das geeignete.

Ferner wird untersucht, wie die Organisationsform den zum Assoziieren notwendigen Verknüpfungsaufwand beeinflußt, und der Adressenspeicher und die in ihm möglichen Organisationen werden anhand der gewonnenen Begriffe nochmals diskutiert.

Das **sechste Kapitel** beschäftigt sich mit solchen Eigenheiten der zuordnenden Methode und des Notierungsprinzips, die Entsprechen im menschlichen Gedächtnis haben. Das Interessante ist, daß diese Entsprechungen sich zwangsläufig ergeben, wenn man daran geht, einen assoziativen Speicher zu planen; d.h. die Assoziationsfähigkeit zieht andere "Menschlichkeiten" nach sich.

Im **siebenten Kapitel** werden die wichtigsten Arbeiten auf dem Gebiete der assoziativen Speicherung referiert. Vorangestellt werden vier theoretische Arbeiten, von denen sich eine mit gewissen Aspekten einer nicht wortweise sequentiellen Informationsverarbeitung befaßt (7.2), während drei Algorithmen angeben, mit denen man höhere Assoziationsprobleme auf einfachere Fragestellungen zurückführen kann. Es folgen Beschreibungen erdachter und gebauter assoziativer Speicher. Dem Verfasser sind fünfzehn Arbeiten bekannt geworden. Auf sie werden die in den früheren Kapiteln gebildeten Begriffe angewendet, um eine vergleichende Übersicht zu gewinnen.

Im **achten Kapitel** folgt die Beschreibung eines **eigenen Entwurfes**. Dieser assoziative Speicher ist durch folgende Besonderheiten gekennzeichnet: Verwendung üblicher Rechenmaschinenbauelemente; Parallel-Serienbetrieb; Erweiterung der möglichen Assoziationsgesetze auf dem Größenvergleich, auch in Textteilen und mit Identitätsvergleichen gemischt; Mikroprogrammierung. Der Speicher ist besonders für die Anwendung auf Flugsicherungsprobleme entworfen, jedoch erscheint er auch für andere Probleme, bei denen sortiert werden muß oder Abstandskriterien zum Assoziieren verwendet werden, besonders geeignet (z.B. man suche alle Werte, die in einer gewissen Umgebung eines gegebenen Assoziationssubjektes liegen). Eine ähnliche Organisation scheint auch eine Lösungsmöglichkeit für das von Händler [11] gestellte Problem zu bieten, einen assoziativen Speicher, der einen vorgegebenen Hammingabstand als Assoziationsgesetzt benutzt, zu bauen.

Nacheinander wird im 8. Kapitel die Flugsicherungsaufgabe genauer analysiert, das Speicherkonzept grob beschrieben, die Bauelemente und die ihnen zugehörigen Mikrooperationen erläutert, eine Befehlsliste aufgestellt, die Mikroprogramme genannt und die Rückführung der Flugsicherungsaufgabe auf eine derartige Folge von Speicherbefehlen gezeigt.

2. Konstruierende und zuordnende Informationsverarbeitung

2.1 Zusammenfassung der Merkmale

Im einführenden Kapitel sind zwei Typen der Nachrichtenverarbeitung beschrieben worden. Ihre Unterschiede sollen jetzt genauer analysiert werden. Wir stellen dazu noch einmal kurz die typischen Merkmale zusammen:

Typ 1: "Konstruierende Verarbeitung"
a) Beispiel: Arithmetische Aufgaben (Wurzelziehen).
b) Das Programm konstruiert in einzelnen Schritten aus den Eingangsgrößen die Ausgangsgröße. Die Ausgangsgröße ist bereits notiert.
c) Verglichen mit der Mannigfaltigkeit der Eingangsgrößen ist das Programm kurz.
d) Die Struktur des Programms ist im typischen Fall unveränderlich.
e) Die "Rechenmaschine" ist für die Lösung derartiger Aufgaben konstruiert.

Typ 2: "Zuordnende Verarbeitung"
a) Beispiel: Suchen im Sprachlexikon (starre Zuordnung) oder Aufbau eines Umweltmodells (variable Zuordnung).
b) Das Programm klassifiziert die Eingangsgrößen und ordnet sie vornotierten Ausgangsgrößen zu.
c) Die Verarbeitungsvorschrift (hier vor allem zuordnende Listen) ist von der Größenordnung der Operandenmannigfaltigkeit.
d) Die Struktur des Programmes kann fest oder veränderlich sein.
e) Die Eignung der Rechenmaschine für diese Aufgaben ist fraglich und wird im folgenden genauer geprüft.

2.2 Komplexität

Die meisten dieser Gesichtspunkte lassen sich einheitlich zusammenfassen, wenn man als neues Kriterium die logische Komplexität der Aufgaben heranzieht. Als Komplexitätsmaß wollen wir den Verknüpfungseffekt im Steinbuchschen Sinne [22] benutzen. Entsprechend denke man sich die Arbeit des Programms durch ein logisches Netzwerk (äquivalenter Zuordner) übernommen. Das Netzwerk hat so viele Eingänge, wie die Eingangsdaten des Programms höchstens Binärstellen haben; an seinen Ausgängen erscheinen die zu den jeweils anliegenden Eingangsdaten gehörigen Ergebnisse. Man kann nun durch Minimisierung der zugehörigen Booleschen Funktion auf eine kleinstmögliche Anzahl von Grundverknüpfungen (Konjunktion und Disjunktion z.B.) kommen, mit denen das Netzwerk gerade noch alle Aufgaben erfüllt, das heißt jeder erklärten Eingangskombination die verlangte Ausgangskombination zuordnet. Die Anzahl der im Netzwerk benutzten Grundverknüpfungen benutzen wir als Maß für die Komplexität des Netzwerkes (bzw. des dadurch repräsentierten Programms).

Wenn wir zum Vergleich zweier Probleme mit Hilfe dieses Maßes schreiten, so ist folgendes zu überschauen:
a) Eine einfache Vorstellung vom Aufbau des Zuordners kann man sich immer dadurch machen, daß man sich ihn als eine Folge einer Entschlüsselungs- und Verschlüsselungsmatrix vorstellt. Es seien N Ausgangswerte möglich. Dann sind $e \geq ld\ N$ (ganz) Eingangsvariablen vorhanden; wenn der Eingangscode sehr redundant ist oder aus anderen Gründen der Zuordner stark reduziert, kann e sogar weit größer als $ld\ N$ sein. Der erste Teil des Zuordners entschlüsselt dann den Eingangscode in einen $\binom{N}{1}$-Code. Im zweiten Teil wird der $\binom{N}{1}$-Code in die zugehörigen Ausgangsbinärkombinationen verschlüsselt. Die Anzahl der Ausgangsvariablen, a, genügt entsprechend der Beziehung $a \geq ld\ N$ (ganz). Wenn der Ausgangscode redundant ist, kann auch $a \gg ld\ N$ sein.
b) Die größtmögliche Komplexität hängt wesentlich von der Anzahl der Eingangs- und Ausgangsvariablen ab, genauer, von der Anzahl erklärter Eingangswerte und zugehöriger Ausgangswerte. Wenn man zwei Aufgabentypen am Beispiel vergleichen will, sollten daher beide wenigstens dieselbe Eingangsmannigfaltigkeit besitzen.
c) Gegenüber dem Ersatzbild der Entschlüsselung auf $\binom{N}{1}$ und nachfolgender Verschlüsselung kann man oft sehr große Vereinfachungen einführen, indem man die logische Funktion passend minimisiert. Das ist vor allem immer dann möglich, wenn gewisse Eingangskombinationen nicht erklärt sind oder Eingangskombinationen, die auf einen gemeinsamen Ausgang führen, sich nur unwesentlich unterscheiden. Wenn dagegen die Zuordnung zwischen Eingangs- und Ausgangswerten regellos ist und alle denkbaren Eingangs- und Ausgangskombinationen erklärt sind, so daß zu jeder Eingangskombination eine eigene Ausgangskombination gehört ($ld\ N = e = a$), so ist die Komplexität ein Maximum.

2.3 Relative Länge

Im Sinne dieses Komplexitätsmaßes soll nun ein erster der Unterschiede zwischen konstruierender und zuordnender Verarbeitung erörtert werden. Es handelt sich um die verschiedene relative Länge: Konstruierende Vorschriften sind relativ kürzer als zuordnende. Dafür soll ein Beispiel gegeben werden. Wir betrachten einerseits die Addition zweier Zahlen von je 3 Bit Länge und andererseits eine Tabelle für den Codewandel aller Wörter von je 6 Bit Länge. Die Codezuordnung sei vollkommen willkürlich und umfasse alle denkbaren Wörter und entschlüssele jedes in ein anderes Ausgangswort (z.B. Konvertierung bei der Ein- und Ausgabe eines Rechners). Die Eingangsmannigfaltigkeit ist also in beiden Fällen gleich, nämlich $2^6 = 64$ mögliche Eingangswerte. Also kann die Beziehung des Verknüpfungseffektes auf die Operandenmannigfaltigkeit wegbleiben; es ergeben sich sofort relative, vergleichbare Komplexitäten. Bei der Codeumwandlung ist die Komplexität ein Maximum nach dem oben Gesagten. Es gibt 64 unterscheidbare Ausgangswerte, und es besteht keine systematische Zuordnung.

Die notwendige Entschlüsselungsmatrix zur Codeumwandlung wird am günstigsten aufgebaut [24], indem zunächst je 3 Bit in einem $\binom{8}{1}$-Code entschlüsselt werden. Dazu sind $2 \cdot 8$ Verknüpfungen mit je drei konjunktiven Eingängen notwendig. Drei konjunktive Eingänge ergeben aber zwei Verknüpfungseinheiten ($x \wedge y \wedge z$). Also sind in dieser ersten Stufe $2 \cdot 8 \cdot 2 = 32$ Verknüpfungseinheiten aufgewendet. In einer zweiten Stufe wird jede der acht Leitungen der einen Gruppe mit jeder der acht Leitungen der zweiten Gruppe konjunktiv verknüpft. Das ergibt $64 \cdot 1 = 64$ Einheiten. Danach ist also in einen $\binom{64}{1}$-Code entschlüsselt. Diese Darstellung wird in einer folgenden spiegelbildlichen, aber disjunktiven Matrix wieder in einen einfachen dualen 6-Bit-Code verschlüsselt. Dazu sind nochmals $64 + 32$ Verknüpfungen notwendig. Insgesamt beträgt also die Komplexität, gemessen als Verknüpfungseffekt nach Steinbuch: $32 + 64 + 64 + 32 = 192$. Für den allgemeinen Fall ist die Anzahl der zur Entschlüsselung eines m-Bit-Codes in einen $\binom{2^m}{1}$-Code notwendigen Grundverknüpfungen in Bild 10 dargestellt.

Für die Addition zweier Dualzahlen in der Form
$a_n \ldots a_1 + b_n \ldots a_1 = s_{n+1} s_n \ldots s_1$ gilt:

$s_\nu = s'_\nu \bar{c}_{\nu-1} \vee \bar{s}'_\nu c_{\nu-1}$ ⟨3⟩

$s'_\nu = a_\nu \bar{b}_\nu \vee \bar{a}_\nu b_\nu$ ⟨3⟩

$c_\nu = a_\nu b_\nu \vee s'_\nu c_{\nu-1}$ ⟨3⟩

$s_{n+1} = c_n$

wobei c_ν der Übertrag in die Stelle $\nu + 1$ ist. In spitzen Klammern ist jeweils der Verknüpfungseffekt angegeben. In unserem Beispiel ist n = 3, und die notwendigen Verknüpfungen sind:

$s_1 = s'_1$	($c_0 \equiv 0$)	⟨3⟩
c_1	($c_0 \equiv 0$)	⟨1⟩
s_2		⟨3⟩
s'_2		⟨3⟩
c_2		⟨3⟩
s_3		⟨3⟩
s'_3		⟨3⟩
$s_4 = c_3$		⟨3⟩

Gesamter Verknüpfungseffekt ⟨22⟩

Man sieht, wieviel geringer die Komplexität der Addition ist.

Das schlägt sich natürlich nicht nur in der Darstellung als Netzwerk, sondern auch in jeder anderen Notierung der Vorschrift nieder; die Codetabelle brauchte, als Liste notiert,
$2 \cdot N \cdot [\text{ld} N] = 2 \cdot 64 \cdot 6 = 768$ Bit: N Zeilen, je Zeile zwei Wörter von $[\text{ld} N]$ Bit Länge [1]. Daß es auch möglich ist, die Liste durch Umdeutung des einen Codes in die Speicheradresse mit $N \cdot [\text{ld} N]$ Bit zu notieren, darf nicht täuschen. Die Ersparnis ist nur scheinbar. Das Adressenentschlüsselungswerk eines Random-Access-Speichers muß wenigstens nochmals die in der Entschlüsselungsmatrix enthaltenen 96 Grundverknüpfungen aufwenden, um die gewünschte Entsprechung zu rufen.

Die Codetabelle ist ein besonders übersichtlicher Fall. Etwas verwickelter liegen die Verhältnisse beim Sprachlexikon. Die aufzuwendenden Verknüpfungen (bzw. die nötigen Speicherbits) sind hier vor allem deswegen so zahlreich, weil die Wörter erheblich redundant sind: die mittlere Wortlänge bei einem Wortschatz von N Wörtern liegt weit über ld N. Daher ist die Komplexität hier noch größer.

In diesem Unterschied, daß die konstruierend und zuordnend gelösten Probleme eine unterschiedliche Komplexität besitzen, liegt es also begründet, daß die Programme, die zur konstruierenden Verarbeitung benutzt werden, im Vergleich zur Operandenmannigfaltigkeit so kurz sind, während die Programme bzw. zuordnenden Listen der zuordnenden Verarbeitung wegen der typisch größeren Komplexität länger sind, von der Größenordnung der Operandenmannigfaltigkeit.

2.4 Starrheit und Veränderlichkeit

Mit der verschiedenen Komplexität hängt es auch zusammen, daß veränderliche Verarbeitungsvorschriften (Lernen) eine Lösung durch Zuordnung verlangen. Von der äußersten Komplexität, bei der jede Eingangskombination ihren eigenen Ausgang

---
[1] [a] soll heißen: die kleinste ganze Zahl, die wenigstens so groß wie a ist.

---

hat, kann man nur dann durch Minimisierung loskommen, wenn b e k a n n t ist, welche Eingangskombinationen bezüglich des Ausgangs gleichgültig oder gleichwertig sind. Aber gerade das ist bei Lernprozessen anfangs nicht der Fall; das heißt, es muß zu Anfang immer auf den komplexesten Fall Rücksicht genommen werden, mithin eine zuordnende Organisation benutzt werden.

Es war schon darauf hingewiesen worden, daß oft auch aus Bequemlichkeit das zuordnende Verfahren dem konstruierenden vorgezogen wird. Man spart sich die Minimisierung, bzw. die Erstellung des allgemeinen Gesetzes (vgl. Funktionstabelle). Schließlich führen zuordnende Listen oft wesentlich schneller zum Ergebnis als konstruierende Algorithmen. Wenn der Speicher sehr groß ist und die Schaltelemente langsam sind, ist daher Zuordnung günstiger als Konstruktion, auch wenn das Gesetz einfach ist. Das dürfte zum Teil die große Bedeutung erklären, die die zuordnende Verarbeitung im Menschen besitzt (vgl. Kap. 6).

2.5 Konstruktion und Zuordnung

Der noch verbleibende Unterschied zwischen den beiden Verarbeitungstypen ist, daß die konstruierende Verarbeitung schrittweise ein nicht im Programm notiertes Ergebnis erarbeitet, während die zuordnende Verarbeitung nur eine bereits notierte Entsprechung finden muß. Auch diese Unterscheidung beruht lediglich auf der verschiedenen Komplexität der typischen Probleme. Der Grundvorgang ist derselbe. Bei der zuordnenden Methode tritt er klar hervor. Die Eingangsinformation führt zu einer bereits notierten Entsprechung und damit auf die Ausgangsinformation. Typisch ist, daß die Zuordnungen in Listen, also im Speicher, niedergelegt sind. Abgesehen davon, ist aber das Grundprinzip bei der konsekutiven Vorgehensart dasselbe. Nur ist die Zuordnung so viel weniger komplex, daß im allgemeinen nicht das W o r t als ganzes (wozu eine Liste notwendig ist) erkannt werden muß, sondern meist nur einzelne S t e l l e n. Bei den arithmetischen Operationen werden die Stellenbits ganz entsprechend klassifiziert und Ergebnissen zugeordnet, die allerdings nicht im Speicher, sondern im Aufbau von Rechenwerk und Mikroprogrammen festgelegt sind. Durch repetierende Anwendung dieser G r u n d - z u o r d n u n g e n des Rechners wird das "unbekannte" Ergebnis gewonnen; tatsächlich werden die notwendigen Zuordnungen nicht vom Rechner "gefunden", sondern in ihn eingebaut. Die grundsätzliche Methode ist also dieselbe wie bei der assoziativen Zuordnungsart; nur arbeitet sie meist nicht auf Wortebene, sondern in einzelnen Stellen.

2.6 Sequentielle, kommutative und simultane Vorschriften

Die eigentliche Aufgabe dieser Untersuchung ist die Prüfung, wieweit das konventionelle Maschinen- und Speicherkonzept zur Lösung der beiden Problemtypen geeignet ist. Dazu erscheint mir noch eine weitere Unterscheidung wichtig. Sie beschreibt unter anderem, wieweit man in ein Programm Simultanarbeit einführen kann. Eine übliche Verarbeitungsvorschrift (hierbei soll nicht unbedingt an ein Rechnerprogramm gedacht werden) ist als eine Folge von einzelnen Operationen angegeben. Das bedeutet, daß die sinnvolle Ausführung an die Einhaltung der Reihenfolge gebunden ist. Ist das so streng der Fall, daß die Vertauschung irgend zweier

Operationen bereits zur Verfehlung des Verarbeitungszweckes führt, so soll die Verarbeitungsvorschrift streng **sequentiell** heißen. Es ist aber oft möglich, solche Vertauschungen vorzunehmen, ohne daß das Verarbeitungsziel gefährdet wird. Dann soll die Vorschrift (ggf. teilweise) **kommutativ** heißen. Wird z.B. die Ausführung der Multiplikation durch eine mehrfache Addition ersetzt, so sind die Einzeladditionen unter sich vertauschbar. Es gibt jedoch auch Vorschriften, in denen einzelne Operationen ohne Schaden zugleich ausgeführt werden können. Sie sollen (ggf. teilweise) **simultan** heißen. Ein Beispiel ist die Prüfung von 100 Zahlen, ob sie negativ sind. Operationen, die untereinander simultan sind, sind auch kommutativ; das Umgekehrte gilt jedoch nicht allgemein. Sowohl simultane wie kommutative Vorschriften können sequentiell ausgeführt werden. Durchweg muß bei der Bearbeitung solcher Probleme auf herkömmlichen Rechenmaschinen so verfahren werden.

Die zuordnend genannten Verarbeitungstypen sind nun, auf Befehls- oder Zyklusebene analysiert, überwiegend simultan. Im einfachsten Fall seien die zuordnenden Listen (Sprachlexikon, Codetabelle, Umweltmodell) ungeordnet. Dann können ohne Schaden alle Suchschritte in der Liste simultan erledigt werden. Wenn die Liste geordnet ist, scheint dagegen ein anderer Fall vorzuliegen: eine simultane Prüfung aller Eintragungen wäre unsinnig. Tatsächlich aber ist auch dieser Fall rein simultan. Indem man nämlich die Ordnung der Liste ausnutzt, d.h. also von einer Beziehung zwischen Adresse und Inhalt Gebrauch macht, wird die simultane Selektion ins Adressenentschlüsselungswerk verlegt. Wenn dem Adressenwerk eine Adresse vorgelegt wird (die ja bei geordneter Liste die Bedeutung eines Inhalts hat!), werden simultan alle Adressen als in Frage kommend geprüft, wobei sich nur eine Koinzidenz ergibt.

Auf der anderen Seite enthalten die konstruierend genannten Prozesse sehr selten simultane Operationen, wenigstens wenn man sie auf der Ebene von Befehlen oder kurzen Befehlsfolgen analysiert. Sie sind aber nicht rein sequentiell, sondern sehr oft kommutativ (die meisten Zyklen; die Reihenfolge der Durchläufe ist belanglos). Wohlbemerkt, bezieht sich das nur auf den typischen Grundfall; vor allem in der kommerziellen Datenverarbeitung gibt es sehr oft echte Rechnungen, die stark simultan sind (z.B. die Aufgabe, für einige tausend Arbeitnehmer die Auszahlungen zu berechnen; die Aufgabe kann offenbar für alle Arbeitnehmer gleichzeitig erledigt werden). S h o o m a n [7] gibt Beispiele für derartige Prozesse. Es soll darauf hingewiesen werden, daß eine strenge Gleichsetzung etwa von der Art

konstruierend - sequentiell oder höchstens kommutativ
zuordnend   - simultan

nicht gilt. Es ist nur so, daß es verhältnismäßig viele Beispiele gibt, bei denen die Entsprechung gültig ist.

2.7 Eignung der Rechenmaschine

Rechnungen sind, wie wir oben gesehen haben, im typischen Fall Verarbeitungsgänge geringer Komplexität, die in eine Folge von vielen einzelnen Schritten aufgelöst sind, die streng sequentiell oder doch höchstens kommutativ durchlaufen werden. Diesem Verarbeitungstyp entspricht auch die übliche Rechenmaschine.

Die geringe Komplexität erlaubt es, im allgemeinen mit stellenweisen Verknüpfungen statt mit wortweisen zu arbeiten. Daher brauchen die Zuordnungen nicht im Speicher (in Listen) notiert zu werden, sondern können einem besonderen, stellenweise verknüpfenden Werk, dem Rechenwerk, überlassen werden.

Der Speicher dient nur als Zuträger zur Verarbeitung und wird durch Befehlszähler und Operandenadresse(n) für jeden Schritt auf wenige Zellen beschränkt. Entsprechend dem sequentiellen Charakter der Vorschrift wird das Programm als Folge von Befehlen notiert, und der Übergang zum nächsten Befehl geschieht zumeist einfach durch Zählen im Befehlszähler. Das geschieht auch dann, wenn das unnötig oder für eine bessere Maschinenausnutzung ungünstig ist. Abweichungen von der Sequenz müssen als Sprünge eigens angegeben werden. Diesem Konzept der sequentiellen Verwirklichung entsprechend, gibt es auch nur ein einziges verarbeitendes Werk. Legt man sich auf diesen Entwurf einmal fest, so kann man höhere Leistungen nur noch durch Steigerung der Geschwindigkeit im Rechenwerk und in den angeschlossenen Speichern erzielen.

Die Speicherung des Programms und der zu verarbeitenden Daten ist im allgemeinen sehr wirtschaftlich möglich: das Problem und die verwendete Verarbeitungsvorschrift ist bei mathematisch-technischen Rechnungen soweit zu überschauen, daß Programm und Daten endgültig und daher dicht gespeichert werden können.

Wir haben jedoch gesehen, daß es Verarbeitungsprozesse gibt, die so komplex sind, daß sie nicht mehr in Rechenwerken, sondern nur noch zuordnend in Speichern verwirklicht werden können, die aber andererseits nicht auf die sequentielle Ausführung angewiesen sind. Was die sequentielle bzw. simultane Ausführung angeht, so sind prinzipiell die simultanen Vorschriften durch sequentielle ersetzbar; d.h. die Ausführung im Nacheinander statt im Zugleich ist kein logisches Problem, höchstens ein zeitlich-ökonomisches. Die konventionelle Rechenmaschine versagt also nicht grundsätzlich. Was die Organisation von zuordnenden Listen im konventionellen Speicher angeht, so stehen sich hier sehr elegante und sehr unbeholfene Lösungen gegenüber.

Der übliche random-access-Speicher ist mit einer sehr aufwendigen Zuordnungseinrichtung versehen. Jede Speicherzelle kann mit einer Nummer, der Adresse, gerufen werden. Indem man nun den zu speichernden Inhalt ganz oder teilweise in die Adresse umdeutet, ergibt sich ein sehr einfacher Zugriff auf das Gesuchte. Andererseits ist dieses Verfahren nur ökonomisch, wenn die Eintragungen die Adressen einigermaßen dicht erfüllen; Mehrfacheintragungen sind nicht möglich. Außerdem erlaubt eine derartige geordnete Liste in einem konventionellen Speicher nur den Aufruf nach **einem** Merkmal. Wird der Inhalt auch nach einem anderen abgefragt (z.B. Sprachlexikon in beiden Richtungen), so ist entweder eine zweite Liste oder schrittweises Suchen notwendig.

In allen Fällen, in denen eine starre Ordnung versagt, sind entweder Verzicht auf Ordnung (d.h. vollständige Notierung der Zuordnungen und einfache Reihung) notwendig, oder man schließt einen Kompromiß zur geordneten Liste: Ordnung in Blöcken, sortierte Listen.

Im Gegensatz zur vollständigen (Adressen-) Ordnung haben aber alle diese Organisationen den Nachteil, daß eine gesuchte Entsprechung nur nach Durchlaufen mehrerer anderer Entsprechungen in der Liste auffindbar ist; außerdem sind diese Organisationen mit viel Verwaltungsarbeit belastet; Löschen und Neueintragungen sind komplizierte Operationen. In jedem Falle ist ein Kompromiß zwischen Speicherausnutzung und mühelosem Zugriff notwendig. Auf alle diese Probleme, die mit der Organisation von Listen zusammenhängen, wird im 5. Kapitel noch näher eingegangen.

Der assoziative Speicher bedeutet die Einführung der Simultaneität in den Speicher. Entsprechend der typischen Eigenschaft von Zuordnungsproblemen, nicht an eine Sequenz gebunden zu sein, kann man im Speicher überall zugleich nach einer passenden Entsprechung suchen. Das Ansprechen von nur jeweils wenigen Zellen, wie es die konventionelle Rechenmaschine praktiziert, ist bei allgemeinen Zuordnungsproblemen hinderlich. Wenn zur Zuordnung so schwierige Untersuchungen anzustellen sind, daß ein einfacher Vergleich im Speicher nicht mehr ausreicht, dann können auch zahlreiche "Rechen"-Werke simultan die Entsprechungen prüfen. Ein zuordnendes Verfahren gibt grundsätzlich die Möglichkeit, die Leistungsfähigkeit nicht nur durch Geschwindigkeitssteigerung der Elemente, sondern auch durch Vermehrung ihrer Anzahl zu erhöhen. Hieraus ergibt sich ein weiterer Grund, warum für das menschliche Gehirn, in dem ja sehr viele sehr langsame Elemente vorhanden sind, die Assoziation eine so bedeutende Rolle spielt. Entsprechend dürfte auch für lernende Automaten die Verwendung von einer großen Zahl von langsamen, simultan arbeitenden Elementen interessant sein.

2.8 Zuordnung und Assoziation

Nachdem auf die Bedeutung von zuordnenden Listen in der Informationsverarbeitung hingewiesen worden ist, soll künftig eine solche Liste als eine Sammlung von "Texten" angesehen werden, und alle weiteren Untersuchungen werden sich an dieses Modell halten. Ein solcher "Text" enthält jeweils Informationen, die zusammengehören, wie z.B.

Sinneseindruck - Bedeutung
Wort der Ausgangssprache - Wort der Zielsprache
Name des Operanden - Wert des Operanden
Sämtliche Daten einer Überflugmeldung (vgl. Vorwort) usf..
Der Begriff "Text" wird in 4.1 genauer definiert.
Das auftretende Problem, aus einer derartigen Sammlung von Grundentsprechungen die gesuchten Zuordnungen herzuleiten, entspricht der Assoziation im menschlichen Denken. Daher wird im folgenden Kapitel der psychologische Assoziationsbegriff wiedergegeben und erst dann im vierten Kapitel die technische Assoziationsaufgabe genauer definiert und das entstehende Modell beschrieben.

3. Der Begriff der Assoziation in der Psychologie

Der Begriff "Assoziation" entstammt der Psychologie. Und zwar bezeichnet man als Assoziation die Erscheinung, daß durch das Auftreten einer Vorstellung bestimmte Gedächtnisinhalte, die mit ihr in Zusammenhang stehen, reproduziert werden. Dabei kann diese Vorstellung bewußt oder unbewußt sein (z.B. das gelesene Wort "grau" assoziiert "Nebel"; oder beim Durchschreiten eines grauen Raumes denkt man unbewußt an Nebel). Die Assoziation kann durch äußere oder innere Eindrücke ausgelöst werden.

Assoziationen werden bevorzugt dann gebildet, wenn die auslösende Vorstellung und der reproduzierte Gedächtnisinhalt in bestimmten Verhältnissen stehen. Solche Verhältnisse sind:

a) Zeitlich und/oder räumliche Nachbarschaft:
   Abend → Nacht, Mond → Sterne,
   Australien → Neuseeland.
   (→ bedeutet "assoziiert").
b) Kausaler Zusammenhang:
   Unfall → Verletzung.
c) Ähnlichkeit, Gleichheit, Gegensatz:
   Motorrad → Fahrrad, Auto → Kraftwagen,
   schwarz → weiß.
d) Begriffliche Über- oder Unterordnung:
   Liebe → Gefühl, Rechteck → Quadrat.
e) Eigenschaft:
   Himmel → blau, blau → Augen.
f) Sprachliche Entsprechungen:
   Herz → Schmerz, Feuer → Schwert.

Von diesen bevorzugten Verhältnissen assoziierter Vorstellungen waren die meisten schon Aristoteles, auf den die Lehre von den Assoziationen zurückgeht, bekannt [8]. Solche Beziehungen heißen auch "primäre Assoziationsgesetze". Bei freien Assoziationen - das sind solche, bei denen das Assoziieren nicht bewußt gesteuert wird - können alle Assoziationsgesetze benutzt werden.
Beim bewußten Denken werden die Assoziationsgesetze aber zumeist beschränkt. So werden z.B. zur Lösung der Aufgabe "Nenne Säugetiere mit vier Füßen" nur die Gesetze d und e zum Assoziieren verwendet.
Neben diesen primären Assoziationsgesetzen kennt die Psychologie noch sekundäre, die nicht inhaltliche Beziehungen zwischen auslösender Vorstellung und assoziierter Vorstellung beschreiben, sondern äußere Umstände, die bei der Aufnahme der beteiligten Eindrücke im Gedächtnis eine Rolle spielen: Dauer und Stärke der Eindrücke, Wiederholung, Fehlen konkurrierender Eindrücke, individuelle Eigenschaften der Person und vor allem ihr Zustand zur Zeit des Eindrucks stattdessen: (vgl. z.B. [10]).

4. Einführung eines technischen Assoziationsbegriffes

Ich wende mich jetzt wieder dem technischen Bereich zu. Schon in der Einleitung ist gezeigt worden, daß in der maschinellen Nachrichtenverarbeitung Aufgaben vorkommen, die - im Gehirn durchgeführt - die Fähigkeit der Assoziation beanspruchen würden. Wir wollen daher den Begriff Assoziation für das Gebiet der maschinellen Nachrichtenverarbeitung definieren. Entsprechend der genaueren Kenntnis des Ablaufs der Verarbeitung und der Darstellung der beteiligten Informationen wird die Definition präziser als in der Psychologie ausfallen.

4.1 Texte und Textkapazität

Zunächst sollen die Begriffe "Vorstellungen" bzw. "Gedächtnisinhalte", die in der Psychologie benutzt werden, durch den Begriff der "Texte" ersetzt werden. Ich beschränke mich auf die digitale Verarbeitung und nehme an, daß alle zu verarbeitenden Nachrichten durch endlich viele Zeichen und Anordnungen von solchen Zeichen dargestellt sind. Unter einem T e x t soll eine lineare Anordnung von endlich vielen Zeichen zu verstehen sein. Es gibt ein Anfangszeichen und ein Endzeichen. Jedes Zeichen ist außer durch seine Art auch durch seine Stellung im Text gekennzeichnet. Zwei Texte sollen nur dann gleich sein, wenn sie gleich viele Zeichen umfassen und alle Zeichen gleicher Stellung übereinstimmen.

Es soll keine kategorische Vorschrift existieren, die die Mannigfaltigkeit der durch einen Text repräsentierbaren Nachrichten irgendwie einschränkt; z.B. von der Art, daß vordere und hintere Hälfte vertauschbar sein müssen, ohne daß die Nachricht sich ändert, oder daß alle Texte mit einer L beginnen o.ä..

Beispiele für Texte sind die "Wörter" innerhalb einer Rechenmaschine, binär digitalisierte Radar"zeilen", ein Block auf einem digitalen Magnetband oder auf einem Lochstreifen, ein binär notiertes Rechnerprogramm usf., insbesondere aber auch in einer Folge notierte Entsprechungen (Zuordnungen), etwa "love - Liebe"; Konto-Nummer, Name, Kontostand, letzte Buchung, Anschrift.

Texte sollen im folgenden mit deutschen Buchstaben bezeichnet werden. Ihre Zeichen werden durch lateinische Buchstaben repräsentiert, die einen Index entsprechend der Stellung im Text tragen. Also ist bei einer Anzahl von λ Zeichen im Text

$$\alpha = a_1 a_2 \ldots a_\gamma \ldots a_{\lambda-1} a_\lambda$$

a_1 ist das erste (linke), a_λ das letzte (rechte) Zeichen.

4.2 Technische Assoziationsbegriffe

Der Begriff Assoziation werde nun auf folgende Art eingeführt: Gegeben ist ein Text ϱ, der auch A s s o z i a t i o n s s u b j e k t heißen soll. Gegeben sind ferner N weitere Texte $\eta_1 \ldots \eta_\nu \ldots \eta_N$, die zusammen K o l l e k t i v η heißen sollen. $B(\alpha, \beta)$ sei eine Boolesche Funktion der Texte α, β, d.h. also ihrer Elemente $a_1, a_2 \ldots$ und $b_1, b_2 \ldots$. Im Zusammenhang mit den folgenden Assoziationsproblemen heiße sie A s s o z i a t i o n s g e s e t z.

Es werden vier Assoziationsprobleme definiert:
a) Assoziationsproblem erster Art.
   Gibt es wenigstens ein η_ν derart, daß $B(\varrho, \eta_\nu) = L$ ist?
b) Assoziationsproblem zweiter Art.
   Wie viele η_ν gibt es, für die $B(\varrho, \eta_\nu) = L$ ist?
c) Assoziationsproblem dritter Art.
   Wie lautet ein (beliebiges) η_ν, das der Bedingung $B(\varrho, \eta_\nu) = L$ gehorcht?
d) Assoziationsproblem vierter Art.
   Wie lauten alle η_ν, die der Bedingung $B(\varrho, \eta_\nu) = L$ gehorchen?

Diejenigen η, die eines der obigen Gesetze erfüllen, sollen A s s o z i a t i o n s o b j e k t e heißen.

4.3 Beziehungen zwischen den Assoziationsproblemen

Die einzelnen Assoziationsprobleme sind nicht unabhängig voneinander. Vielmehr impliziert die Lösung höherer Assoziationsprobleme die geringerer. So impliziert die Lösung des Assoziationsproblems 2. Art die des 1. Art; die Lösung des Problems 3. Art impliziert die des Problems 1. Art; die Lösung des Problems 4. Art impliziert die des Problems 3. Art und des Problems 2. Art. Mit Hilfe z.B. des Algorithmus von F r e i und G o l d b e r g (7.2) lassen sich alle Probleme durch eine rekursive Stellung und Lösung des Problems 1. Art lösen.

4.4 Rückführung der Assoziationsgesetze auf Teilidentität und Vollidentität

Grundsätzlich läßt sich jedes Assoziationsgesetz $B(\varrho, \eta)$ bei gegebenem ϱ auf Teil- oder Vollidentität zwischen Assoziationssubjekt und Assoziationsobjekt umformen. Dazu wird in die Boolesche Funktion

$$B(\varrho, \eta) = L$$

das (bekannte) Assoziationssubjekt ϱ eingesetzt, so daß sich

$$B'(\eta) = L$$

ergibt.

Diese Funktion wird in die disjunktive Normalform überführt. Sie lautet

$$B'(\eta) = b_1(\eta) \lor b_2(\eta) \lor \ldots \lor b_\gamma(\eta) \lor \ldots \lor b_n(\eta) = L .$$

Darin sind die $b_\gamma(\eta)$ sogenannte Monome [23], konjunktive Zusammenfassungen der Variablen $\eta = \{x_1 \ldots x_M\}$, ggf. negiert, oder doch einiger von ihnen. Offenbar ist $B'(\eta) = L$ durch jedes $b_\gamma(\eta)$, für das

$$b_\gamma(\eta) = L$$

gilt, erfüllbar. Diese Bedingung legt im allgemeinen einige (nicht alle) der M Variablen fest; andere bleiben frei. Das heißt, daß die Identität mit dem aus $b_\gamma(\eta) = L$ konstruierbaren Teilwort als Assoziationssubjekt jedes andere Assoziationsgesetz ersetzen kann.

Von der Teilidentität kann man auch zur Vollidentität übergehen, indem man die disjunktive Normalform durch "Erweitern" derart umformt, daß eine redundante Form entsteht, die nur noch vollständige Monome enthält. Sie bestimmen die Assoziationsobjekte bis zur Vollidentität; das gleiche Ergebnis erhält man, indem man die Teilidentitäten zum Ausgangspunkt macht und die nicht erklärten Stellen alle Variationen durchlaufen läßt. Es ist also jedes Assoziationsgesetz bei gegebenem Assoziationssubjekt auf die Teil- oder Vollidentität zurückführbar.

Das hat zur Folge, daß durch Rückführung auf die Vollidentität alle Assoziationsprobleme 3. Art auf solche 1. Art, und alle Assoziationsprobleme 4. Art auf solche 2. Art zurückgeführt werden können. Es sei noch darauf hingewiesen, daß hier nur logische Möglichkeiten geprüft werden, keine technisch-wirtschaftlichen. Wenn das Assoziationsobjekt nur in wenigen Stellen bestimmt ist, bringt die Konstruktion der Subjekte zur Vollidentität natürlich einen sehr großen Aufwand mit sich.

4.5 Vergleich mit psychologischen Begriffen und Beispielen aus dem menschlichen Denken

Es war schon gesagt worden, daß Vorstellungen, mögen sie durch die Sinne erzeugt oder aus dem Gedächtnis reproduziert sein, im technischen Bereich durch "Texte" repräsentiert werden sollen. Das Assoziationssubjekt φ entspricht der auslösenden Vorstellung, die Assoziationsobjekte den assoziierten Vorstellungen. Die Gesamtheit der Texte, $\mathcal{W}$, das Kollektiv, entspricht dem Inhalt des menschlichen Gedächtnisses und das Assoziationsgesetz $B(\varphi, \mathcal{W}_\nu)$ den primären psychologischen Assoziationsgesetzen.

Die Verhältnisse sollen noch durch zwei Beispiele erläutert werden.
a) Erkennung beschädigter Typen in einer Korrekturfahne
Die Aufgabe ist, aus einem Druckerzeugnis die fehlerhaften Buchstaben herauszufinden (und zu markieren). Die Assoziationssubjekte φ sind nacheinander alle Buchstaben auf der Korrekturfahne. Das Kollektiv ist ein im Gedächtnis vorhandenes Verzeichnis aller korrekten Typenbilder. Die Assoziationsaufgabe lautet: Gibt es zu einem vorgelegten Druckbuchstaben wenigstens einen Vergleichsbuchstaben in $\mathcal{W}$? (Assoziationsproblem 1. Art.) Das Assoziationsgesetz, die Verknüpfung zwischen Assoziationssubjekt und Kollektiv ist (nach evtl. notwendiger Zentrierung oder Drehung des Zeichens) die Identität.
Läßt sich ein Vergleichsbuchstabe in $\mathcal{W}$ finden, so ist der Buchstabe korrekt und der nächste kann bearbeitet werden.
(Es ist nicht geklärt, wie aus dem Gesamtinhalt des Gedächtnisses das Kollektiv $\mathcal{W}$ ausgehoben wird. Dies ist wieder eine Assoziationsaufgabe. Es ist aber anzunehmen, daß sie nicht für jeden Buchstaben des zusammenhängenden Schriftstückes neu gelöst werden muß, sondern bei der Erkennung der Aufgabenstellung zu Anfang gelöst wird. Daher sei vorausgesetzt, als Kollektiv allein den Vorrat von Typenbildern anzusehen.)
b) Vokabelgedächtnis
Die Aufgabe ist, zu einem Wort der Ausgangssprache die Entsprechungen in der Zielsprache anzugeben. Es ist plausibel anzunehmen, daß Ausgangswort und Entsprechungen in der Zielsprache zusammen notiert sind (z.B. Liebe - love, charity, affection). Mit Nennung des Ausgangswortes ist das Assoziationssubjekt bezeichnet. Es sind dann alle Entsprechungen in der Zielsprache anzugeben (Assoziationsproblem 4. Art).

4.6 Beispiele aus der maschinellen Nachrichtenverarbeitung

Codeprüfung. Aus einer Folge von Zeichen sind unerlaubte auszuscheiden (z.B. Prüfung auf "Pseudodezimalen bei einer binären Dezimalverschlüsselung").
Assoziationssubjekt: ein einzelnes vorgelegtes Zeichen.
Kollektiv: Liste verbotener Zeichen.
Assoziationsobjekt: Im Regelfall keines, sonst eines der verbotenen Zeichen.
Assoziationsproblem 1. Art (wenigstens eine Entsprechung).
Assoziationsgesetz: Identität.

Wörterbuch. Es sind Übersetzungen von Wörtern anzugeben (Sprachübersetzung).
Assoziationsobjekt: ein vorgelegtes Wort der Ausgangssprache ("know").
Kollektiv: ein (gespeichertes) Sprachlexikon.
Assoziationsobjekt: ein Lexikonwort mit Entsprechung(en) know - wissen, kennen).
Assoziationsproblem 3. Art
Assoziationsgesetz: Teilidentität (Vorlage identisch mit erstem Wort).

Kontenführung. Eine Bank führt für jedes Konto einen Text, der z.B. Kontonummer, Name, Anschrift, letzte Buchung enthält. Es sind Aufrufe nach Namen, Kontonummer (Buchungen) und Kontostand denkbar (Statistik, Einlagesumme). Zu lösen sind Assoziationsprobleme 2. Art (wie viele Kontenstände fallen in die Klasse zwischen 500 und 1,00 DM?), 3. Art (wie ist der Stand des Kontos 244 868?), 4. Art (hat ein Herr Lehmann ein Konto? - es kann mehrere Personen dieses Namens geben!).

Digitale Festzielunterdrückung bei Radar. Es ist ein Verzeichnis der Koordinaten von Festzielen vorhanden. Vom Radar gemeldete Koordinaten werden geprüft, ob sie als Festziele zu werten sind. Problem wie Codeprüfung. Verzeichnis kann durch Lernprozeß entstehen. In diesem Fall sind Aktualitätseintragungen notwendig. Ein gemeldetes Festziel muß der Liste entnommen werden (Assoziationsproblem 3. Art) und mit einem Treffervermerk versehen werden. Länger nicht gemeldete Festziele werden gelöscht (Abfrage nach Alter der Eintragung, Assoziationsproblem 4. Art).
Neue Eintragungen entstehen durch wiederholtes Auftreten von nicht als Flugzeuge deutbaren Koordinaten. Die Zuordnung einer neu gemeldeten Koordinate zu diesen Werten stellt ein Assoziationsproblem 1. Art dar.

Wie man sieht, kommt als Assoziationsgesetz typisch die (wenigstens teilweise) Identität zweier Texte vor. Daneben entsteht - seltener - das Problem, zu prüfen, ob zu einem gegebenen Intervall Zahlen im Kollektiv vorhanden sind (vgl. 8.1). Neuerdings hat Händler [11] ein Problem angegeben, bei dem eine Zuordnung nach gegebenem Hamming-Abstand verlangt wird. Grundsätzlich kann man aber beliebige Assoziationsgesetze $B(\varphi, \mathcal{W}_\nu)$ wählen.

4.7 Nebenaufgaben bei variabler Zuordnung

Die bisher definierten Assoziationsprobleme beschreiben nur bei festen Zuordnungen alle Aufgaben, die man an ein derartiges "Gedächtnis" stellen kann. Bei variablen Zuordnungen muß auch verlangt werden, daß Texte aus dem Kollektiv entnommen bzw. neu eingefügt werden (Löschen, Neueintragen). Damit sind dann (außerhalb des Kollektivs) auch Änderungen von Texten durchführbar. Wir beschränken uns für die genauere Definition der Prozesse auf den technisch interessanteren Fall, daß die Texte räumlich fest gespeichert sind, d.h. daß die Entfernung eines Textes eine erst noch zu erklärende Lücke bildet und daß für neu unterzubringende Texte ein Platz vorhanden sein muß. Der zweite Fall (daß die Texte räumlich nicht fest notiert sind, sondern z.B. Aufschriften auf gestapelten Lochkarten darstellen), ist in mancher Hinsicht angenehmer zum Löschen und Neueintragen als der erste Fall: es gibt jedoch noch keine elektronischen Bauelemente mit solchen Eigenschaften, so daß diese Variante hier nicht diskutiert werden soll. Im zweiten Fall führt wenigstens das Entnehmen eines Textes nicht auf eine Lücke, und solange die Größe des Kollektivs nicht über ein gewisses Maß gestiegen ist, findet ein neuer Text - abgesehen von ggf. eingeführter Ordnung - immer noch am Anfang oder am Ende einen Platz.
Wir werden uns bemühen, die nötigen Arbeitsgänge für das Löschen und Neueintragen so unvoreingenommen wie möglich zu formulieren, insbesondere so, daß nicht Ideen herangezogen werden, die typisch für konventionelle Rechenmaschinenspei-

cher sind und uns bezüglich einer späteren technischen Realisierung beeinflussen würden. (Begriffe wie Speicherort, Adresse.) Wir bleiben bei der allgemeinen Darstellung, wie wir sie bei der Formulierung der Assoziationsprobleme verwendet haben, nämlich einer, die nur Textinhaltskriterien verwendet, und müssen dafür in Kauf nehmen, daß die Formulierungen sehr abstrakt ausfallen.

Zunächst soll ein Nulltext eingeführt werden, der durch irgendein Kennzeichen (Markierungsbit) davor geschützt ist, als Nachricht gewertet zu werden. Außerdem wird eine neue Operation eingeführt, das Auswechseln. Darunter soll verstanden werden, daß ein (beliebiger) Text $\eta\nu$ aus $\mathcal{H}$, der der Bedingung $B(\varphi,\eta\nu) = L$ gehorcht, durch den Text α ersetzt wird.

Im Falle des Löschens ist zunächst ein Assoziationsproblem dritter Art zu lösen: Wie lautet der Text, der der Bedingung $B(\varphi,\eta\nu)$ gehorcht? Dieser Text sei η_K. Seine Länge ist festzustellen und ein Nulltext $\#$ gleicher Länge zu bilden. Danach folgt das Auswechseln, worin $B(\varphi,\eta\nu)$ jetzt die Identität $I(\eta_K,\eta\nu)$ ist. Der neueingefügte Text ist der gleichlange Nulltext $\#$.

Das Neueintragen ist noch umständlicher. Zunächst ist als Assoziationsproblem dritter Art ein Nulltext anzugeben, der wenigstens die Länge des Neutextes besitzt. Dann ist der Neutext durch einen Restnulltext so zu ergänzen, daß er die Länge des im Kollektiv enthaltenen Nulltextes erhält. Dann kann ausgewechselt werden, indem man die Vollidentität mit dem früher gefundenen Nulltext verlangt.

Durch das Neueintragen werden bei schwankender Textlänge im allgemeinen zahlreiche nicht benutzbare Restnulltexte entstehen. Es wird dadurch Platz vergeudet, und um dem abzuhelfen, müßte man die einzelnen Texte des Kollektivs "dicht rücken" können. Das ist jedoch eine Forderung, die sehr stark die räumliche Anordnung der Texte untereinander berücksichtigt und daher (wahrscheinlich) nicht mehr in der gleichen Art zu formulieren ist, wie wir es bei den Assoziationsgesetzen getan haben. Wahrscheinlich ist eine derartige Forderung nur zu befriedigen, wenn man von bloßen Textinhaltskriterien absieht und zu einer mehr oder weniger uneingestandenen Adressendenkweise zurückkehrt. In Kapitel 6 wird auf diesen Umstand, daß bei rein assoziativ arbeitenden Speichern mit freier Textlänge die durch Löschung erhaltenen Lücken nur schwer wieder zu nutzen sind, nochmals eingegangen.

Die Lage verbessert sich, wenn man eine feste Textlänge voraussetzt. Zunächst entfallen beim Löschen und Neueintragen die Vorprüfungen auf die Textlänge. Die Arbeitsgänge sind dann beide allein durch Auswechseln darstellbar:
Löschen: Auswechseln eines durch $B(\varphi,\eta\nu) = L$ bezeichneten Textes gegen den Nulltext $\#$.
Neueintragungen: Auswechseln eines durch $B(\varphi,\eta\nu) = I(\#,\eta\nu) = L$ bezeichneten Nulltextes $\eta\nu$ gegen den Neutext α.
Außerdem entstehen nicht mehr nutzlose Lücken.

4.8 Mehrfachassoziationen

Mit den Problemen des Löschens und Neueintragen ist das der Mehrfachassoziation verbunden. Unter einer Mehrfachassoziation wollen wir den Fall verstehen, daß sich zu einem gegebenen Assoziationsgesetz und Assoziationssubjekt mehr als ein passendes Objekt im Kollektiv findet. Dabei soll in interne Mehrfachassoziationen getrennt werden und externe. Eine interne liegt dann vor, wenn $B(\varphi,\eta) = L$ mehrere η bezeichnet. Eine externe liegt dann vor, wenn das Auftreten mehrerer Entsprechungen nach außen gemeldet werden muß. Dies setzt die interne voraus und ist nur bei den Assoziationsproblemen 2. und 4. Art denkbar.

Das Auftreten interner Mehrfachassoziationen ist in sehr komplizierter Weise von Assoziationsgesetz und Assoziationssubjekt abhängig. Wenn das Kollektiv einen Text mehrfach enthält, muß immer damit gerechnet werden.

Für die Lösung des Assoziationsproblems 1. Art genügt es, alle Hinweise auf Assoziationen disjunktiv zu verknüpfen und nach außen zu leiten.

Für die Lösung des Assoziationsproblems 2. Art müssen dagegen alle diese Hinweise gezählt werden; technisch ist das sehr unangenehm.

Für die Lösung des Assoziationsproblems 3. Art muß bei interner Mehrfachassoziation extern ein Wort bevorrechtigt werden. Das ist ebenfalls technisch sehr aufwendig.

Das Assoziationsproblem 4. Art ist bei Mehrfachassoziation am besten durch repetierende Anwendung des Verfahrens für das Problem 3. Art lösbar, indem schon ausgegebene Texte gekennzeichnet werden.

Für das Auswechseln ergibt sich dieselbe Schwierigkeit wie für das Problem 3. Art.

Alle bekanntgewordenen assoziativen Speicher können Mehrfachassoziationen gar nicht oder nur sehr unbeholfen lösen. Da diese Frage aber stark mit technischen Gesichtspunkten zusammenhängt, soll erst unter 7.3 wieder auf sie eingegangen werden. Die dort beschriebenen Algorithmen erlauben es, höhere Assoziationsprobleme auf das 1. Art zurückzuführen. Das bedeutet aber zugleich, daß mit ihrer Hilfe die oben genannten Schwierigkeiten umgangen werden können.

5. Organisationsformen zur Lösung der Assoziationsaufgabe

5.1 Assoziative und rein assoziative Speicher

Unter einem assoziativen Speicher wollen wir eine Vorrichtung verstehen, deren Aufgabe es ist, ein gewisses Kollektiv $\mathcal{H}$ aufzunehmen und entsprechend einem vorgelegten Assoziationssubjekt φ und einem (der Vorrichtung immanenten oder von außen näher bezeichneten) Assoziationsgesetz $B(\varphi,\eta)$ ohne weitere äußere Hilfsmittel wenigstens eines der vier Assoziationsprobleme zu lösen. Wenn der Speicher im Betrieb keine Änderung eines enthaltenen Textes erlaubt, soll er assoziativer Festspeicher heißen. Assoziative Speicher, die bei allen Arbeitsgängen allein von Inhaltskriterien aus vorgehen (vgl. Kap. 4.7) und nicht von Adressen Gebrauch machen, sollen rein assoziativ heißen. Die meisten assoziativen Speicher benutzen Inhaltskriterien nur für einen Teil aller Aufgaben, so z.B. im allgemeinen nicht für das Schreiben und die höheren Assoziationsprobleme. H ä n d l e r [11] nennt einen Speicher v o l l a s s o z i a t i v, wenn der Speicher außer (Teil-)Identität auch noch einen vorgegebenen Hamming-Abstand als Assoziationsgesetz verwendet. Dagegen wird in der amerikanischen Literatur (S e e b e r [17], Mc. D e r m i d und P e t e r s e n [18]) ein Speicher dann v o l l a s s o z i a t i v genannt (fully associative), wenn er nicht allein die Vollidentität, sondern auch die Identität über beliebige Textteile verwenden kann.

5.2 Adressenspeicher und Assoziationsprobleme

Ein Speicher, dessen Inhalte nach Adressen aufrufbar sind, stellt einen Grenzfall eines assoziativen Speichers dar. Das wird besonders am Random-Access-Speicher auffällig, gilt aber ebenso für Sequential-Access-Speicher. Ein Random-Access-Speicher besteht aus einer Adressenentschlüsselung und z.B. dem eigentlichen Kernspeicher. Wird ihm eine Adresse angegeben und der Befehl "Lesen" erteilt, so liefert er den durch die Adresse bezeichneten Inhalt. Indem man den Inhalt, also das aufgerufene Wort, um seine Adresse verlängert, entsteht - wenigstens formal - ein assoziativer Speicher mit erweiterten Wörtern, in dem man mit einem starren Assoziationsgesetz, das die Identität zwischen der im Speicher notierten Adresse und der von außen genannten verlangt, assoziieren kann. Da alle Assoziationsgesetze als Identitäten formuliert werden können, ergeben sich mit dem Adreßspeicher für viele Probleme ausreichende Lösungen. Nachteilig ist aber vor allem, daß nur e i n W o r t t e i l (d.h. im allgemeinen nur ein Merkmal) zum Assoziieren verwendet werden kann. Lösbar sind Assoziationsprobleme 3. Art; durch Konstruktion des Adressenteils ist dafür gesorgt, daß es keine Mehrfachassoziationen gibt. Übrigens stellt im Sinne der früheren Definitionen das Adressenwerk für sich einen assoziativen Festspeicher dar.

Wenigstens reicht dieser Speicher zusammen mit einem Verarbeitungswerk aus, um alle definierten Assoziationsprobleme auf einer konventionellen Rechenmaschine zu lösen. Wo man von den Assoziationsmöglichkeiten Gebrauch macht (Adressenmodifikation!) ergeben sich sogar unter Umständen sehr elegante Lösungen. Sonst muß die Frage, ob $B(\varphi,\psi) = L$ gegeben ist, im Verarbeitungswerk entschieden werden. Eine solche Lösung, bei der dann Speicherwörter nacheinander auf die gesuchte Entsprechung zu prüfen sind, ist ein typisches Beispiel dafür, daß an sich simultane Aufgaben immer auch sequentiell gelöst werden können. In 5.4 wird auf den Zusammenhang zwischen assoziativen und adreßorganisierten Speichern noch genauer eingegangen.

5.3 Ordnungs- und Notierungsprinzip

5.3.1 Erklärungen

Es sollen nun zwei verschiedene Organisationsformen, die eine Lösung der definierten Assoziationsprobleme erlauben, eingehend diskutiert werden. Sie betreffen die Darstellung des Kollektivs.

Das erste mögliche Prinzip ist bereits durch die Art, wie bisher Kollektive als eine Menge von Texten beschrieben worden sind, nahegelegt. Es sieht vor, daß alle Texte ungeordnet zusammengefaßt werden. Es ist nötig, einige dabei auftretende Erscheinungen zu benennen.

Wir nehmen an, daß das Kollektiv eine endliche Menge von Texten enthält. Dann kann man sich die Texte linear angeordnet denken. Wir nennen eine solche lineare Anordnung von Texten eine L i s t e. Sie setzt sich also aus Texten genauso zusammen wie ein Text aus Zeichen. Entsprechend gelten alle weiteren Erklärungen über Texte mit der wesentlichen Ausnahme, daß eine Liste auch durch Gesetze organisiert sein darf, die die Deutung eines Textes unabhängig von seiner Stellung in der Liste machen. Das heißt, daß es möglich sein muß, Texte in einer Liste zu vertauschen, ohne Information zu verlieren. Eine solche Möglichkeit war bei der Definition eines Textes ausgeschlossen worden. Ebensowenig wie die Zeichen eines Textes, müssen die Texte einer Liste räumlich nebeneinander notiert sein. Eine Liste kann den gleichen Text mehrmals enthalten. Sie heißt dann L i s t e m i t W i e d e r h o l u n g e n.

In 3.4 sind zahlreiche Beispiele für Listen enthalten. Bei Assoziationsproblemen läßt sich das Kollektiv immer als Liste auffassen.

Ein Text, dessen Bedeutung unabhängig von seiner Stellung in der Liste ist, heißt v o l l s t ä n d i g n o t i e r t. Natürlich gilt diese Bezeichnung nur in Bezug auf die Liste, der er angehört, außerhalb der Liste kann er völlig fehlinterpretiert werden. Solche vollständigen Notierungen sind z.B. die Texte eines Sprachlexikons; "know - wissen, kennen" wird unabhängig von seiner Stellung im Lexikon richtig verstanden, die alphabetische Ordnung dient nur dem Komfort. Dagegen sind die Texte eines Telefonbuches nicht vollständig notiert (" - Fritz Bäckerei 83 92 68" muß verschieden gedeutet werden, je nachdem welcher Nachname vorausging).

Eine Liste heißt g e o r d n e t, wenn die Stellung jedes einzelnen enthaltenen Textes eine Information über seine Deutung vermittelt. Das soll auch dann gelten, wenn dieselbe Information statt aus der Textstellung auch aus den Texten selbst entnommen werden kann. In diesem Sinne sind Lexikon und Telefonbuch beide geordnet.

Eine Liste heißt u n g e o r d n e t, wenn die Stellung der Texte in ihr keine Beziehung zur Deutung der Texte hat. Solche Reihungen können sich z.B. aus der Folge der Eintragung bzw. Löschung ergeben, wenn diese für jede Verwendung der Liste irrelevant ist. In einer solchen Liste müssen alle Texte vollständig notiert sein, wenn Fehldeutungen verhindert werden sollen.

Das angedeutete erste mögliche Organisationsprinzip, das wir N o t i e r u n g s p r i n z i p nennen wollen, sieht nun vor, daß alle Texte in vollständiger Notierung ungeordnet gelassen werden. Die etwaige räumliche Anordnung der Texte wird also nicht dazu benutzt, eine Information zu speichern. Das Kollektiv wird als ungeordnete L i s t e dargestellt.

Das zweite Prinzip ist das O r d n u n g s p r i n z i p. Es weist in vieler Hinsicht Eigenschaften auf, die denen des Notierungsprinzips entgegengesetzt sind. Es wird dadurch nahegelegt, daß man sich vermöge der Adressen einen Rechenmaschinenspeicher leicht als eine lineare Anordnung, als einen sehr langen T e x t, vorstellen kann. Das Kollektiv enthalte nur Texte der Länge λ. Es sind dann 2^λ verschiedene Texte möglich. Man bildet einen neuen Text ("Kollektivtext") der Länge 2^λ, in dem jedem möglichen Text von der Länge λ ein Bit zugeordnet ist, das besagt, ob der Text im Kollektiv enthalten ist oder nicht (Existenzbit). Die Zuordnung zwischen

Stelle im Kollektivtext und darzustellendem Text kann z.B. durch duales Zählen der Stellen geschehen (es sei $\lambda = 4$; das Kollektiv enthalte die Texte 0L0L, 0LL0 und L0L0; dann lautet der Kollektivtext 0000LL000L000000). Will man auch solche Kollektive darstellen, in denen gleiche Texte mehrfach auftreten, so muß eine Zahl an Stelle des Existenzbits treten. Die Texte werden also nicht explizit notiert, sondern sind allein durch die Stellung ausgedrückt.

Ordnungs- und Notierungsprinzip sind zwei Grenzfälle. Das üblicherweise auf Rechenmaschinen geübte Verfahren, einen Text sowohl durch seine Stellung (Adresse) als auch durch seinen Inhalt Information tragen zu lassen, liegt in der Mitte zwischen beiden. Solche häufig vorkommenden Kompromisse bei der Organisation eines Kollektivs werden besonders diskutiert werde (5.4).

Die Erörterung von Ordnungs- und Notierungsprinzip ist deshalb wichtig, weil nur eine Speicherung nach dem reinen Notierungsprinzip zu einem Zuordnungsverfahren, das allein von Inhaltskriterien ausgeht, also zu rein assoziativen Speichern führen kann. Indem wir im folgenden untersuchen, für welche Kollektive und Assoziationsprobleme die beiden Prinzipien geeignet sind, können wir entscheiden, wofür assoziative Speicher mit Erfolg verwendet werden können. Wir werden für die Gegenüberstellung drei verschiedene Gesichtspunkte benutzen:

a) Allgemeine Gesichtspunkte. Wir fragen uns, welche Kollektive jeweils organisierbar und welche Assoziationsprobleme lösbar sind, und wie die Nebenaufgaben (Löschen und Neueintragen) erledigt werden können (5.3.2).

b) Gesichtspunkte der Speicherökonomie. Wir fragen uns, ob die Prinzipien zu wirtschaftlicher Speicherung führen (5.3.3).

c) Gesichtspunkte des Verknüpfungseffekts. Wir untersuchen den zum Assoziieren notwendigen Verknüpfungseffekt (5.3.4).

Die Ergebnisse der Gegenüberstellung werden in Bild 1 dargestellt.

5.3.2 Allgemeine Eigenschaften

Wir prüfen zunächst, welche Einschränkungen die beiden Prinzipien hinsichtlich des darzustellenden Kollektivs machen. Beim Ordnungsprinzip muß eine konstante Textlänge gegeben sein. Notfalls muß wenigstens eine maximale voraussetzbar sein, so daß die kürzeren Texte z.B. durch Auffüllen mit Nullen auf diese Länge gebracht werden. Sonst läßt sich kein Kollektivtext bilden. Die Anzahl der im Kollektiv enthaltenen Texte ist beliebig. Es muß aber übersehbar sein, ob gleiche Texte mehrfach auftreten, und zwar mit einem oberen Limit für ihre Häufigkeit. Nur der (häufige) Fall, daß jeder Text höchstens einmal auftritt, führt zu einem Kollektivtext der Länge 2^λ wenn die Einzeltexte die Länge λ besitzen. Ist die größte Einzeltexthäufigkeit h, so ergibt sich im allgemeinen Fall ein Kollektivtext der Länge $2^\lambda \cdot [ld\ h]$ Das bedeutet unter Umständen eine starke Vergrößerung des benötigten Speicherraumes.

Beim Notierungsprinzip liegen die Verhältnisse günstiger. Eine konstante Textlänge ist nicht notwendig. Eventuell muß ein spezielles Trennzeichen zwischen den Texten verabredet werden. Die Anzahl der im Kollektiv vorhandenen Texte ist beliebig. Mehrfaches Auftreten gleicher Texte bereitet keine Schwierigkeiten.

Wir prüfen weiter, welche Assoziationsprobleme gelöst werden können, wenn das Kollektiv nach einem der beiden Prinzipien organisiert ist. Beim Ordnungsprinzip scheiden wegen der schlechten Speicherausnutzung Kollektive mit mehrfachen Texten praktisch aus; das heißt, daß für den wichtigen Fall der Vollidentität als Assoziationsgesetz nur die Probleme 1. und 3. Art sinnvoll stellbar sind. Bei anderen Assoziationsgesetzen als dem der Vollidentität sind im allgemeinen Mehrfachassoziationen möglich. Diese Assoziationen können geleistet werden durch Rückführung auf eine Anzahl von Vollidentitäten (4.4). Man gewinnt als Vorteil, daß Mehrfachassoziationen zeitlich nacheinander anfallen. Nachteilig ist, daß, wenn das Assoziationsgesetz und -subjekt das mögliche Assoziationsobjekt nur sehr unbestimmt beschreiben, sehr viele Vollidentitäten geprüft werden müssen.

Beim Notierungsprinzip können alle Assoziationsprobleme sinnvoll gestellt werden. Das Durchsuchen des Kollektivs kann bezüglich der zeitlichen Aufteilung in vier verschiedenen Betriebsarten geschehen:

a) Reiner Serienbetrieb. Der erste Text wird serienweise dem Assoziationsgesetz unterworfen, dann der nächste usf. Derart würde unter Zuhilfenahme ihres Rechen- und Steuerwerkes eine Serienrechenmaschine das Notierungsprinzip verwirklichen.

b) Serien-Parallel-Betrieb. Die Texte werden nacheinander, aber in sich mit allen Zeichen zugleich, verarbeitet. Wenn die Texte Wortlänge haben, kann eine Parallel-Rechenmaschine derart vorgehen. (Horizontal Data Processing [7].) Ein einziger assoziativer Speicher arbeitet nach diesem Prinzip.

c) Parallel-Serien-Betrieb. Alle Zeichen gleicher Stelle in allen Texten werden zugleich verarbeitet, die einzelnen Stellen aber in Serie (Vertical Data Processing [7]). Bei dieser Vorgehensart wird die Textanordnung nicht mehr berücksichtigt. Ein kleiner Teil der bisher bekannt gewordenen assoziativen Speicher arbeitet derart.

d) Reiner Parallelbetrieb. Alle Stellen aller Texte werden zugleich untersucht. Die Mehrzahl der bekannt gewordenen assoziativen Speicher arbeitet derart.

Die Wahl der Betriebsart hat Bedeutung für die Art, wie Mehrfachassoziationen anfallen. Bei a und b kann jeweils nur eine Assoziation auftreten, es gibt also keine gleichzeitigen Mehrfachassoziationen. Bei c ergeben sich gleichzeitige Mehrfachassoziationen bei konstanter Textlänge und bei d immer (wenn sie überhaupt logisch möglich sind). Solche Mehrfachassoziationen sind nur mit Schwierigkeiten zu erkennen und auszuwerten (vgl. 4.8, 7.3).

Schließlich prüfen wir, wie die Nebenaufgaben, Löschen und Neueintragen, gelöst werden können. Wir setzen wie unter 4.7 voraus, daß der zu löschende Text erst durch eine Assoziationsaufgabe ermittelt werden muß (bzw. die zu löschenden Texte bei Mehrfachassoziationen). Dann ist erst das Auswechseln gegen einen (mehrere) Nulltexte möglich.

Beim Ordnungsprinzip ist entsprechend der vorausgesetzten festen Textlänge das Löschen und Neueintragen verhältnismäßig leicht zu leisten. Zum Löschen werden die durch die Assoziation bezeichneten Existenzbits auf Null gesetzt. Zum

	Ordnungsprinzip	Notierungsprinzip

5.2.1
- Texte werden implizit durch Stellung ausgedrückt
- Kollektiv ergibt einen Text
- Grenzfall des Adressensystems

- Texte werden vollständig notiert, Stellung ohne Bedeutung
- Kollektiv ergibt eine Liste
- Führt zu rein assoziativem Speicher

5.2.2
- Texte konstanter, notfalls maximaler Länge
- Mehrfache Texte sehr ungünstig
- Assoziation durch Rückführung auf Vollidentität
- Keine gleichzeitigen Mehrfachassoziationen

- Texte beliebiger Länge
- Mehrfache Texte bequem aufzunehmen
- Beliebige Assoziationsgesetze
- Im Parallel- und Parallel-Serien-Betrieb unangenehme gleichzeitige Mehrfachassoziationen
- Löschen und Neueintragen schwierig, vor allem bei variabler Textlänge

5.2.3 Erstes Modell eines Kollektivs: N Texte der Länge λ, keine Wiederholungen, Kollektivkapazität: $ld\binom{2^\lambda}{N}$

Speicherraum: 2^λ

Organisationskapazität: 2^λ

Speicherraum: $N \cdot \lambda$

Organisationskapazität: $ld\binom{2^\lambda}{N}$

Zweites Modell eines Kollektivs: N Texte der Länge λ, mit Wiederholungen; Kollektivkapazität: $ld\binom{N+2^\lambda-1}{N}$

Es sei h die größte Häufigkeit eines Textes

Speicherraum: $2^\lambda [ld\,h]$ (sehr ungünstig)

Organisationskapazität: $2^\lambda [ld\,h]$

Günstig bei $N \approx 2^{\lambda-1}$, sonst Organisationskapazität zu groß gegen Kollektivkapazität

Speicherraum: $N \cdot \lambda$

Organisationskapazität: $ld\binom{N+2^\lambda-1}{N}$

Günstig bei $N \ll 2^\lambda$, sonst Speicherraum zu groß gegen Organisationskapazität.

5.2.4 Verknüpfungssumme und Schrittzahl, am Beispiel eines Kollektivs aus N Texten der Länge λ, keine Wiederholungen
Assoziationsproblem 4. und 1. Art, Teilidentität über $\lambda-\mu$ Bit, k Assoziationsobjekte

<u>Reiner Serienbetrieb</u>

Problem 4. Art: $s_v = 2^{\lambda+1}(3\lambda-2\mu)$ in 2^λ Schritten

Problem 1. Art: $\bar{s}_v = \frac{2^{\lambda+1}}{k+1}(3\lambda-2\mu)$ in $\frac{2^\lambda}{k+1}$ Schritten (Mittel)

<u>Reiner Parallelbetrieb</u>

Problem 4. Art: $s_v \approx 2^{\mu+1}(2^{\lambda+1}+\mu)$ in 2^μ Schritten

Problem 1. Art: $\bar{s}_v \approx \frac{2^{\mu+1}}{k+1}(2^{\lambda+1}+\mu)$ in $\frac{2^\mu}{k+1}$ Schritten (Mittel)

Keine gleichzeitigen Mehrfachassoziationen beim Ordnungsprinzip.

a <u>Reiner Serienbetrieb</u>

Problem 4. Art: $s_v = N(2\lambda[ld\,\lambda]+4(\lambda-\mu)-1)$ in $N \cdot \lambda$ Schritten

Problem 1. Art: $\bar{s}_v = \frac{N}{k+1}(2[ld\,\lambda]+4(\lambda-\mu)-1)$ in $\frac{N\lambda}{k+1}$ Schritten (Mittel)

keine gleichzeitigen Mehrfachassoziationen.

b <u>Serien-Parallelbetrieb</u>

Problem 4. Art: $s_v \approx N(2[ld\,N]+N+4(\lambda-\mu)-1)$ in N Schritten

Problem 1. Art: $\bar{s}_v \approx \frac{N}{k+1}(2[ld\,N]+N+4(\lambda-\mu)-1)$ in $\frac{N}{k+1}$ Schritten (Mittel)

keine gleichzeitigen Mehrfachassoziationen

c <u>Parallel-Serienbetrieb (mit Frei-Goldberg-Algorithmus)</u>

Problem 4. Art: $s_v \approx k \cdot \mu \cdot N(4(\lambda-\mu)-1)$ in $k\mu(\lambda-\mu)$ Schritten

Problem 1. Art: $s_v = N(4(\lambda-\mu)-1)$ in $\lambda-\mu$ Schritten

gleichzeitige Mehrfachassoziationen beim Problem 4. Art durch Frei-Goldberg-Algorithmus umgangen.

d <u>Reiner Parallelbetrieb</u>

Problem 4. Art: $s_v \approx k \cdot \mu \cdot N(4(\lambda-\mu)-1)$ in $k \cdot \mu$ Schritten

Problem 1. Art: $s_v = N(4(\lambda-\mu)-1)$ in 1 Schritt

gleichzeitige Mehrfachassoziationen beim Problem 4. Art durch Frei-Goldberg-Algorithmus umgangen

Bild 1   Gegenüberstellung von Ordnungs- und Notierungsprinzip (Inhalt des Kap. 5)

Neueintragen wird das eine mögliche Existenzbit auf Eins gesetzt. Beim Notierungsprinzip entsprechen die Vorgänge der Beschreibung unter 4.7. Wenn die Texte ungleiche Länge haben und von der räumlichen Anordnung kein Gebrauch gemacht werden kann, ergeben sich sehr unangenehme Prozeduren. Die meisten bekannt gewordenen assoziativen Speicher kehren an dieser Stelle zur Adresse als Organisationshilfsmittel zurück.

5.3.3 Organisation und Speicherökonomie

Wir prüfen nun, welche Auswirkung das verwendete Organisationsprinzip auf die Wirtschaftlichkeit der Speicherung hat. Hierbei ergeben sich aus zwei Gründen interessante Aufschlüsse: Die Organisation beim Ordnungsprinzip ist sehr starr, so daß sie sich kleinen Zahlen langer Texte nicht anpassen kann; und die Organisation beim Notierungsprinzip ist so schlaff, daß die mögliche Vielfalt im Speicher nicht nutzbar ist.

Zur Vereinfachung setzen wir Texte konstanter Länge λ voraus. Folgende Größen sollen zum Vergleich benutzt werden:

a) **Speicherraum** S. Er gibt die Anzahl der bistabilen Elemente an, die zur Speicherung des Kollektivs benötigt werden. Er hängt nicht nur vom Kollektiv (Anzahl und Länge der Texte), sondern auch von der Organisation ab. Er ist wenigstens so groß wie

b) **Organisationskapazität** K_O. Darunter wollen wir den Duallogarithmus der Anzahl verschiedener entsprechend der Organisation unterscheidbarer Kollektive verstehen. Und zwar soll diese Zahl nur von der einmal gewählten Organisation und der dabei vorausgesetzten Textzahl abhängen, nicht von der jeweils wirklich vorhandenen Textzahl. Die Organisationskapazität muß wenigstens so groß sein wie

c) **Kollektivkapazität** K_K. Das sei der Duallogarithmus der Anzahl verschiedener möglicher Kollektivinhalte. Diese Zahl hängt von der wirklich im Kollektiv vorhandenen Textzahl ab. Sie ist wenigstens so groß wie

d) **Assoziationskapazität** K_A. Sie ist der Duallogarithmus der Anzahl der bei gegebenem Assoziationsproblem und Assoziationsgesetz bestenfalls unterscheidbaren Kollektivinhalte. Wir werden als Beispiel die Probleme 1. und 2. Art (gibt es wenigstens einen Text? bzw. wie viele Texte gibt es?) und die Vollidentität verwenden.

Diese Maße sind zwar den üblichen Informationsmaßen vergleichbar gebildet, ihrer Definition nach aber nicht statistisch. Der Informationsgehalt eines Kollektivs hängt von der statistischen Auswahl der Texte ab und ist höchstens so groß wie die Kollektivkapazität.

Wenn beim Entwurf eines Speichers bekannt ist, welche Assoziationsprobleme gestellt und welche Assoziationsgesetze verwendet werden und das Kollektiv bekannt ist, so läßt sich die Assoziationskapazität ermitteln. Sie stellt das Maximum an Information dar, das dem Speicher entnommen werden kann. Mehr Speicherraum als dafür erforderlich, sollte bei einer idealen Realisierung nicht verwendet werden. Das heißt, daß bei einer günstigen Realisierung Kollektivkapazität (durch Speicherung nur des Auslesbaren), Organisationskapazität und Speicherraum soweit wie möglich der Assoziationskapazität angenähert werden müssen. Das ist allerdings oft nur schwer möglich.

Es werden nun die Größen S, K_K, K_O und K_A anhand von Beispielen erläutert und mit ihrer Hilfe Ordnungs- und Notierungsprinzip verglichen. Die Ergebnisse werden in den Bildern 2 bis 8 dargestellt. Dazu werde als erstes folgendes Modellkollektiv betrachtet: **N Texte der Länge λ, keine Wiederholungen** (hierzu Bild 2).

Die Kollektivkapazität beträgt

$$K_K(N,\lambda) = ld\binom{2^\lambda}{N} \qquad (N \leq 2^\lambda)$$

($\binom{2^\lambda}{N}$ Kombinationen von je N aus 2^λ). Diese Funktion entspricht ziemlich gut dem mittleren Informationsgehalt eines Textes der Länge 2^λ und der L-Wahrscheinlichkeit $\frac{N}{2^\lambda}$ (statistisches Modell!). Der mittlere Informationsgehalt von n binären Zeichen, von denen eines mit der Wahrscheinlichkeit p auftritt, ist

$$I(n,p) = n\left\{ p \, ld\frac{1}{p} + (1-p)\, ld\frac{1}{1-p} \right\}.$$

Hier ist $n = N$ und $p = \frac{N}{2^\lambda}$, mithin

$$I(N, \frac{N}{2^\lambda}) = N\left\{ \frac{N}{2^\lambda} \cdot ld\frac{N}{2^\lambda} + (1-\frac{N}{2^\lambda})\, ld\frac{1}{1-\frac{N}{2^\lambda}} \right\})$$

Es läßt sich bei Vollidentität als Assoziationsgesetz nur das Problem erster Art sinnvoll stellen (gibt es einen Text, der mit dem Assoziationssubjekt übereinstimmt?). Mit dieser Taktik können $\binom{2^\lambda}{N}$ verschiedene Kollektive gefunden werden. Das heißt, die Assoziationskapazität beträgt

$$K_A(N,\lambda) = ld\binom{2^\lambda}{N} = K_K(N,\lambda).$$

Bei Verwendung des Ordnungsprinzips wird ein Text der Länge 2^λ gebildet. Dessen Kapazität ist aber 2^λ, mithin ist die Organisationskapazität

$$K_O = 2^\lambda$$

Ebenso beträgt der Speicherraum

$$S = 2^\lambda.$$

Die Gleichheit von Organisationskapazität und Speicherraum ist kennzeichnend für das Ordnungsprinzip: der Text ist voll zur Kollektivdarstellung ausnutzbar. Dagegen ist die Organisationskapazität im allgemeinen zu groß für das vorliegende Kollektiv; ist es

$$K_A = ld\binom{2^\lambda}{N} < K_O = 2^\lambda.$$

Die Funktion $K_A(N,\lambda)$ ist symmetrisch zu $N = 2^{\lambda-1}$ und hat dort ihr Maximum. Es ist

$$K_O(2^{\lambda-1}, 2^\lambda) = ld\binom{2^\lambda}{2^{\lambda-1}} = ld\frac{2^\lambda!}{(2^{\lambda-1}!)^2}.$$

Mit $\lim_{m \Rightarrow \infty} m! = m^m e^{-m} \sqrt{2\pi m}$ wird für $2^\lambda \gg 1$

$$K_O(2^{\lambda-1}, 2^\lambda) \approx \text{ld} \frac{(2^\lambda)^{2^\lambda} e^{-2^\lambda} \sqrt{2\pi 2^\lambda}}{[(2^{\lambda-1})^{2^{\lambda-1}} \cdot e^{-2^{\lambda-1}} \sqrt{2\pi 2^{\lambda-1}}]^2}$$

$$= \text{ld} \frac{(2^\lambda)^{2^\lambda} \cdot e^{-2^\lambda} \sqrt{2\pi 2^\lambda}}{(2^{\lambda-1})^{2^\lambda} \cdot e^{-2^\lambda} 2\pi 2^{\lambda-1}}$$

$$= \text{ld} \frac{2^{2^\lambda}}{\sqrt{2^{\lambda-1} \pi}}$$

$$= 2^\lambda - \frac{1}{2}(\lambda - 1) - \frac{1}{2} \text{ld} \pi$$

$$= 2^\lambda - \frac{\lambda}{2} - 0{,}78 \approx 2^\lambda$$

$$K_O(2^{\lambda-1}, 2^\lambda) \approx 2^\lambda = K_K \ .$$

Das heißt, für längere Texte (z.B. für $\lambda > 6$) verschwindet der Unterschied zwischen Organisations- und Kollektivkapazität, wenn $N = 2^{\lambda-1}$ ist, d.h. wenn die Kollektivkapazität ein Maximum ist. Das Ordnungsprinzip ist also eine speichergünstige Organisation, wenn ungefähr die Hälfte aller Texte vorhanden sind. Bild 2 veranschaulicht für das Beispiel $\lambda = 20$ die Verhältnisse.

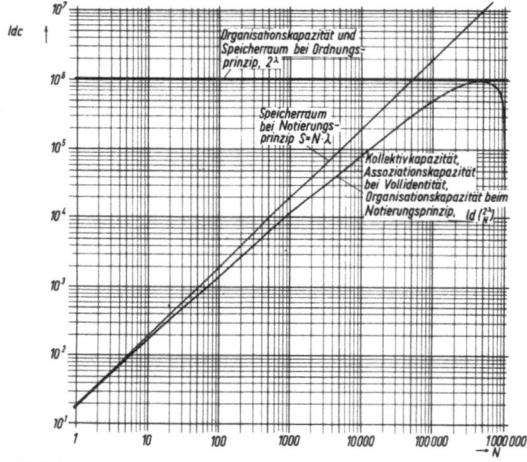

Bild 2
Modellkollektiv von N Texten der Länge $\lambda = 20$, keine Wiederholungen. Kollektivkapazität, Assoziationskapazität bei Vollidentität; für Ordnungs- und Notierungsprinzip Organisationskapazität und Speicherraum

Wenn man das Notierungsprinzip verwendet und die Organisation für genau N Texte zu entwerfen ist, beträgt die Organisationskapazität

$$K_O(N, \lambda) = \text{ld} \binom{2^\lambda}{N} ,$$

d.h. es lassen sich $\binom{2^\lambda}{N}$ Kombinationen zu je N ermitteln. Der benötigte Speicherraum ist aber größer; es ist

$$S = N \cdot \lambda \qquad (\text{N Texte der Länge } \lambda).$$

Auch diese Funktionen sind in das Diagramm Bild 2 eingetragen. Während das Ordnungsprinzip für relativ große Textzahlen ($N \approx 2^{\lambda-1}$) geeignet ist, bietet das Notierungsprinzip bei kleinen Textzahlen Vorteile ($N \ll 2^\lambda$). Hier stimmen nämlich Kollektivkapazität und Speicherraum nahezu überein. Denn es ist für nicht zu kleine m (Stirling)

$$\text{ld } m! \approx (m + \frac{1}{2}) \text{ld } m - m \text{ld } e + \frac{1}{2} \text{ld}(2\pi)$$

und damit für genügend große N und 2^λ

$$\text{ld} \binom{2^\lambda}{N} = \text{ld}(2^\lambda!) - \text{ld}(2^\lambda - N)! - \text{ld}(N!)$$

$$\approx (2^\lambda + \frac{1}{2})\lambda - (2^\lambda - N + \frac{1}{2}) \text{ld}(2^\lambda - N) - (N + \frac{1}{2}) \text{ld } N - \frac{1}{2} \text{ld}(2\pi).$$

Nun ist

$$\frac{d(\text{ld } x)}{dx} = \frac{1}{x \ln 2}$$

und damit für kleine $\frac{N}{2^\lambda}$

$$\text{ld}(2^\lambda - N) \approx \lambda - \frac{N}{(2^\lambda - N) \ln 2}$$

und für

$$N \ll \frac{2^\lambda \cdot \lambda \cdot \ln 2}{1 + \lambda \ln 2}$$

$$\text{ld}(2^\lambda - N) \approx \lambda \ .$$

Damit wird

$$\text{ld} \binom{2^\lambda}{N} \approx N \cdot \lambda - (N + \frac{1}{2}) \text{ld } N - \frac{1}{2} \text{ld}(2\pi)$$

$$= N \cdot \lambda - \text{ld } N! - 1{,}44 N \ .$$

$$\text{ld} \binom{2^\lambda}{N} \approx N \cdot \lambda \ ;$$

Das macht das Notierungsprinzip wichtig für alle Kollektive, die verhältnismäßig wenige und lange Texte enthalten, d.h. bei denen $N \ll 2^\lambda$ ist. Gerade diese Kollektive treten aber sehr häufig auf, sei es, daß die Texte nur wenige Ereignisse in einem sehr komplexen Ereignisraum beschreiben (Flugsicherung) oder erheblich redundant sind (Sprachlexikon). Das Notierungsprinzip ist auch für $N \approx 2^\lambda$ am geeignetsten. Man hat dann nur statt aller vorhandenen alle nicht vorhandenen Texte zu notieren. Es zeigt sich, daß, wenn man in einem Speicher von B Bits eine möglichst große Kollektivkapazität unterbringen möchte, man die Textlänge möglichst groß machen muß. Für den Grenzfall $\lambda = B$ (d.h. $N = 1$) ist nämlich

$$K_K = \text{ld} \binom{2^B}{1} = B \ ,$$

also die Kollektivkapazität gleich dem Speicherraum. Die Aufteilung in kleine Einzeltexte ist zwar zum Assoziieren praktisch, aber bezüglich der Speicherausnutzung ungünstig. Dieser Umstand erklärt möglicherweise Eigenheiten der menschlichen Lerntechnik (vgl. 6 c).

Das Notierungsprinzip ist weniger wirtschaftlich, wenn die Textzahl N beim Entwurf der Liste nicht sicher bekannt ist. Läßt sich wenigstens eine obere Grenze, N max, angeben, so wird

$$S = N_{max} \cdot \lambda$$

$$K_O = ld \binom{2^\lambda}{N_{max}}$$

$$K_K = ld \binom{2^\lambda}{N}.$$

Als zweites Modell werde der Fall betrachtet, daß gerade N Texte der Länge λ im Kollektiv vorhanden sind, aber darunter sich gleiche Texte wiederholen können. Es wurde schon darauf hingewiesen, daß die Verwirklichung des Ordnungsprinzps dann voraussetzt, daß die größte Texthäufigkeit h bekannt ist, womit dann

$$S = 2^\lambda \cdot [ld\ h]$$

$$K_O = 2^\lambda \cdot [ld\ h]$$

wird. Die Kollektivkapazität beträgt

$$K_K = ld \binom{N + 2^\lambda - 1}{N}.$$

($\binom{N + 2^\lambda - 1}{N}$ ist die Anzahl der Kombinationen aus 2^λ Elementen zur Nten Klasse mit Wiederholungen.) Von dieser Funktion hat S c h r ö d t e r [27] Tafeln hergestellt, die für alle technisch interessanten Werte von N und λ den Funktionswert angeben. Eine Karte dieser Funktion ist Bild 3. Bild 4 und 5 sind Funktionsdarstellungen mit N und λ als Parameter.

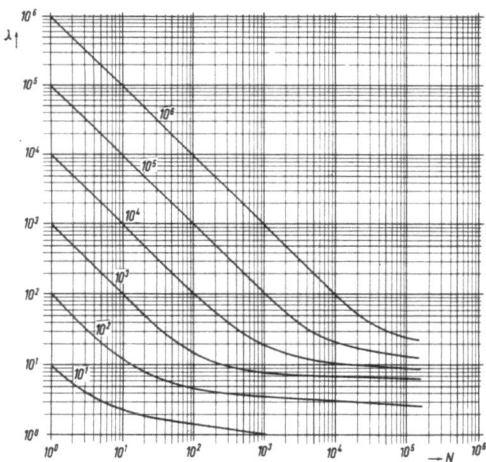

Bild 3
Karte der Funktion $ld\binom{N + 2^\lambda - 1}{N}$ (Kollektivkapazität bei N Texten der Länge λ, mit Wiederholungen)

Wenn das Notierungsprinzip angewendet wird, ergibt sich als Speicherraum

$$S = N \cdot \lambda$$

als Organisationskapazität

$$K_O = ld \binom{N + 2^\lambda - 1}{N}$$

(gleich der Kollektivkapazität).

Stellt man bei Vollidentität das Assoziationsproblem 2. Art (wie viele Texte φ sind enthalten?), so lassen sich alle möglichen Kollektive unterscheiden, und daher wird

$$K_{A2} = ld \binom{N + 2^\lambda - 1}{N}.$$

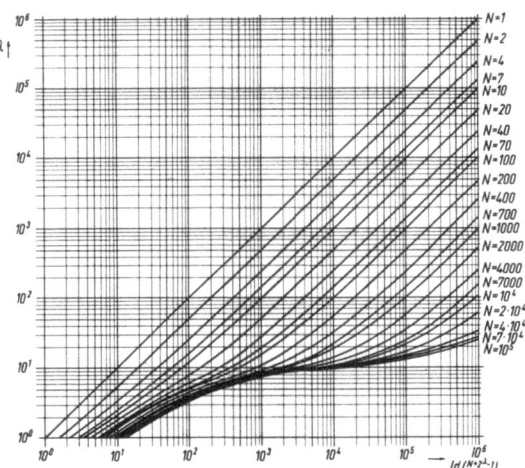

Bild 4
Funktion $ld\binom{N + 2^\lambda - 1}{N}$ bei konstantem N (Kollektivkapazität bei N Texten der Länge λ, mit Wiederholungen)

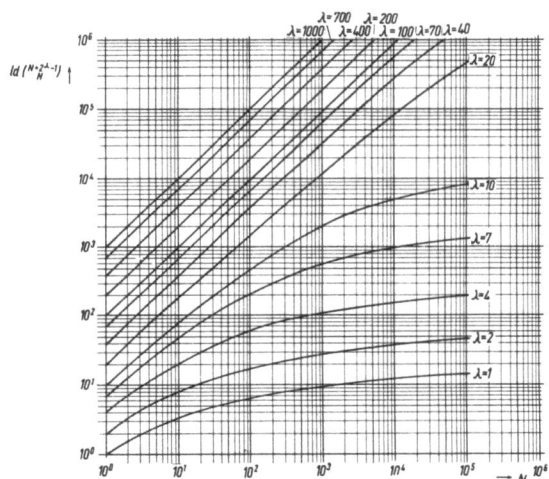

Bild 5
Funktion $ld\binom{N + 2^\lambda - 1}{N}$ bei konstantem λ (Kollektivkapazität bei N Texten der Länge λ, mit Wiederholungen)

Wird dagegen nur das Problem 1. Art gestellt (ist wenigstens ein Text enthalten?), so beträgt die Assoziationskapazität nur

$$K_{A1} = ld \sum_{\nu=1}^{N} \binom{2^\lambda}{\nu}.$$

($\sum_{\nu=1}^{N} \binom{2^\lambda}{\nu}$ ist die Summe aller Kombinationen aus 2^λ Elementen von der ersten bis Nten Klasse ohne Wiederholung.) Auch diese Funktion ist von S c h r ö d t e r [27] tabelliert worden und wird in Bild 6, 7, 8 dargestellt. Zur Veranschaulichung des Unterschiedes zwischen K_{A1} und K_{A2} diene folgendes Beispiel: Die Texte mögen zwei Bit lang sein ($\lambda = 2$).

Die vier verschiedenen Texte sollen mit 0, 1, 2, 3 bezeichnet werden. Das Kollektiv umfasse drei Texte (N = 3). Der Speicherraum für die Liste beträgt

$S = N \cdot \lambda = 3 \cdot 2 = 6$ Bit .

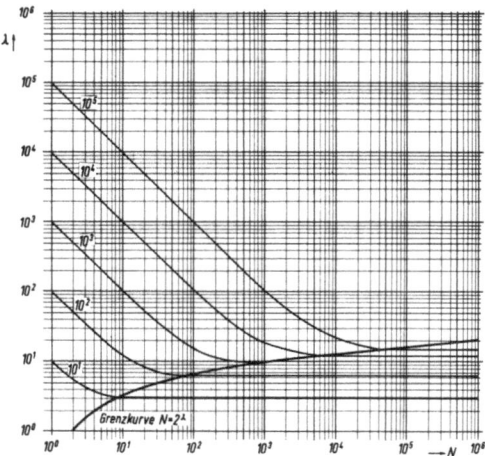

Bild 6

Karte der Funktion $\mathrm{ld} \sum_{\nu=1}^{N} \binom{2^\lambda}{\nu}$ (Assoziationskapazität bei einem Kollektiv von N Texten der Länge λ, mit nicht erkennbaren Wiederholungen)

Die Organisations- und Kollektivkapazität beträgt

$K_O = K_K = \mathrm{ld} \binom{N+2^\lambda - 1}{N} = \mathrm{ld} \binom{3+2^2-1}{3} = \mathrm{ld} \binom{6}{3} = \mathrm{ld}\, 20 = 4,3$.

Es sind nämlich folgende Kollektive denkbar:

```
0,0,0    1,1,1    2,2,2    3,3,3
0,0,1    1,1,2    2,2,3
0,0,2    1,1,3    2,3,3
0,0,3    1,2,2
0,1,1    1,2,3
0,1,2    1,3,3
0,1,3
0,2,2
0,2,3
0,2,3 .
```

(jede Dreiergruppe ist ein Kollektiv). Wenn man das Assoziationsproblem 2. Art stellt, lassen sich alle diese Kollektive voneinander unterscheiden, d.h. es ist $K_{A2} = \mathrm{ld}\, 20 = \mathrm{ld} \binom{6}{3}$ = 4,3. Stellt man aber das Problem 1. Art, so fallen einige Kollektive ununterscheidbar zusammen, es bleiben nur noch

```
0        1        2        3
0,1      1,2      2,3
0,2
0,3
0,1,2
0,1,3
0,2,3.
```

Hier ist

$K_{A1} = \mathrm{ld} \sum_{\nu=1}^{N} \binom{2^\lambda}{\nu} = \mathrm{ld}\,[\binom{2^2}{1} + \binom{2^2}{2} + \binom{2^2}{3}] = \mathrm{ld}\,14 = 3,8$.

Wichtig ist, daß bei gegebener Textlänge unter diesen Umständen die Assoziationskapazität nicht durch Vergrößerung der Textzahl beliebig steigerbar ist. Sobald die Textzahl N die Anzahl der verschiedenen möglichen Texte erreicht hat, ist durch Erhöhung der Textzahl die Assoziationskapazität nicht mehr zu vergrößern. Daher ist in die Diagramme Bild 6, 7, 8 die Grenzkurve $N = 2^\lambda$ eingetragen.

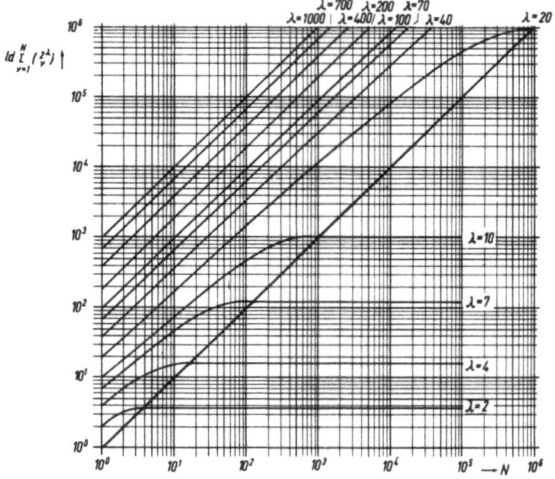

Bild 7

Funktion $\mathrm{ld} \sum_{\nu=1}^{N} \binom{2^\nu}{\nu}$ (Assoziationskapazität bei einem Kollektiv von N Texten der Länge λ, mit nicht erkennbaren Wiederholungen)

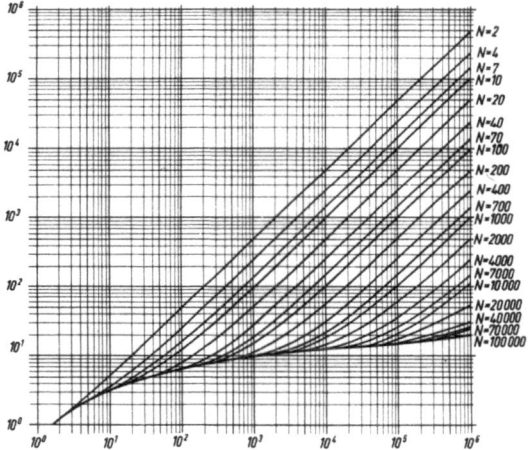

Bild 8

Funktion $\mathrm{ld} \sum_{\nu=1}^{N} \binom{2^\nu}{\nu}$ (Assoziationskapazität bei einem Kollektiv von N Texten der Länge λ, mit nicht erkennbaren Wiederholungen)

5.3.4 Zum Assoziieren notwendige Verknüpfungssumme

Der Aufwand für einen Speicher läßt sich nicht allein durch die Anzahl der Speicherbits beschreiben. Er hängt auch von dem Verknüpfungseffekt ab, der zum Lesen eines bestimmten Speicherinhaltes aufgewendet werden muß. In diesem Sinne sollen Ordnungs- und Notierungsprinzip nochmals gegenübergestellt werden. Und zwar ermitteln wir für eine bestimmte

Assoziationsaufgabe die Verknüpfungssumme; es sei v_i der Verknüpfungseffekt einer Schaltung und t_i die Anzahl der Arbeitsgänge (z.B. Takte), die die Schaltung i ausführt; dann sei

$$s_v = \sum_i v_i t_i$$

die Verknüpfungssumme. Das Assoziationsbeispiel sei folgendes: N Texte der Länge λ sind gespeichert. Das Assoziationsgesetz ist die Identität über $\lambda - \mu$ Stellen. Es gibt also 2^μ mögliche Assoziationsobjekte. Gestellt wird das Problem 1. Art (ist wenigstens ein Assoziationsobjekt im Kollektiv?) und das Problem 4. Art (wie heißen alle im Kollektiv vorhandenen Assoziationsobjekte?). Es seien k Objekte vorhanden. Zunächst wird das Ordnungsprinzip erörtert. Und zwar seien die 2^λ Bits des Kollektivtextes alle parallel greifbar. Zu dem 2^λ-Bit-Speicher gehört also eine "Adressen"-(Text)-Entschlüsselung in einen $\binom{2}{1}$-Code.

Eine solche Entschlüsselung wird am besten [24] so vorgenommen, daß man λ in 2^j (j ganz) Untergruppen zu 2 oder 3 Bit teilt; diese Untergruppen werden getrennt auf $\binom{2^2}{1}$ bzw. $\binom{2^3}{1}$ entschlüsselt und dann in einer binären "Pyramide" zusammengefügt; für $\lambda = 20$ ergeben sich 8 Untergruppen (viermal 2 Bit und viermal 3 Bit). Je zwei werden kombiniert und ergeben viermal einen $\binom{2^5}{1}$-Code, durch neue Kombination dieser Ausgänge zweimal einen $\binom{2^{10}}{1}$-Code und schließlich einen $\binom{2^{20}}{1}$-Code. Insgesamt sind dazu 1 049 748 Grundverknüpfungen notwendig, d.h. bei großem λ ungefähr 2^λ. Bild 9 zeigt den sich ergebenden Verknüpfungseffekt für einige Werte λ und die Näherung 2^λ. Außerdem gehört dazu die Verknüpfung jedes der 2^λ Ausgänge mit dem Existenzbit (nochmals 2^λ Grundverknüpfungen). Ferner müssen die möglichen Assoziationsobjekte generiert werden (z.B. durch duales Zählen). Für die Lösung des Problems 4. Art (nenne alle Assoziationsobjekte!) sind alle 2^λ denkbaren Assoziationsobjekte zu prüfen. Ein solcher Dualzähler läßt sich (ohne Eingänge für den Zählbefehl, μ-stufig) mit 2μ Grundverknüpfungen realisieren. Mithin ist zur Lösung des Problems 4. Art aufzubringen:

$2\mu \cdot 2^\mu$ Grundverknüpfungen für das Generieren der Objekte; für das Abfragen des assoziativen Festspeichers (der Entschlüsselung) jedesmal $\approx 2^\lambda$ Grundverknüpfungen; für das Prüfen der Existenzbits nochmals jedesmal 2^λ Grundverknüpfungen, mithin insgesamt

$$s_v \approx 2^\mu (2 \cdot 2^\lambda + 2\mu)$$

$$s_v \approx 2^{\mu+1}(2^\lambda + \mu)$$

für die Lösung des Problems 4. Art.

Wenn dagegen nur das Problem 1. Art zu lösen ist, werden bei zufälliger, gleichmäßiger Verteilung der k Assoziationsobjekte im Mittel nur

$$\frac{1}{k+1} \cdot 2^\mu$$

Assoziationsobjekte zu generieren sein, bis die erste Koinzidenz gefunden ist. Dann ist die mittlere Verknüpfungssumme nur

$$\bar{s}_v = \frac{2^{\mu+1}}{k+1}(2^\lambda + \mu)$$

Die Anzahl der notwendigen Schritte ist beim Problem 4. Art 2^μ, beim Problem 1. Art im Mittel

$$\frac{2^\mu}{k+1}$$

Es zeigt sich also, daß bei Anwendung des Ordnungsprinzips die Unkenntnis der μ Textstellen den Assoziationsaufwand erheblich belastet. Auch geht λ sehr stark in den Aufwand ein, so daß - ähnlich wie bei der Frage der Speicherökonomie - nur bei großer Kollektivkapazität ($N \approx 2^{\lambda-1}$) die Benutzung des Ordnungsprinzips lohnt. Vorteilhaft ist dagegen, daß alle Assoziationsobjekte explizit generiert werden und die Mehrfachassoziationen nicht simultan auftreten. Eine solche Organisation nach dem Ordnungsprinzip ist aber sehr langsam bei großem μ (Anzahl der Suchvorgänge steigt exponentiell mit μ). Diese Organisation ist also nur brauchbar bei großer Besetzung der Liste (d.h. $N \approx 2^{\lambda-1}$, vgl. auch 5.2.3) und kleinem μ (z.B. Vollidentität).

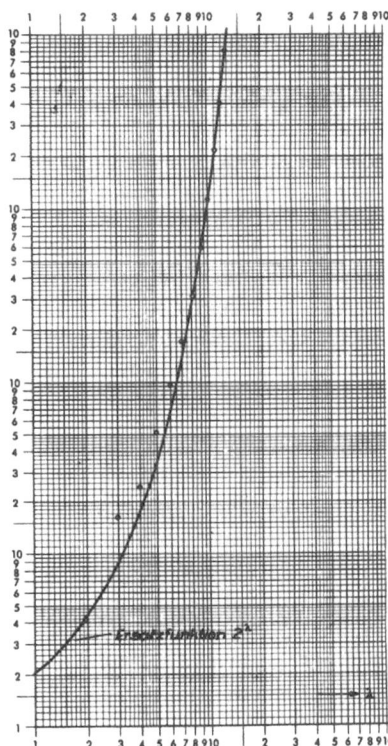

Bild 9
Zum Entschlüsseln eines λ-stelligen Binärcodes in einen $\binom{2^\lambda}{1}$-Code notwendiger Verknüpfungseffekt (vgl. [24])

Eine andere Möglichkeit als der beschriebene Parallelbetrieb in den Kollektivtext ist der Reihenzugriff. Die Bits werden also zeitlich nacheinander geprüft (z.B. Aufzeichnung auf einer Magnetspur). Wenn nicht gerade alle Texte Assoziationsobjekte sein können (vollständige Unbestimmtheit, $\mu = \lambda$), bietet der Parallelzugriff eine schnellere Bewältigung des Assoziationsproblems. Dagegen ist beim Serienzugriff der zu installierende Verknüpfungseffekt kleiner. Die Verknüpfungssumme berechnet sich folgendermaßen: Für die Lösung des Problems 4. Art müssen aufgebracht werden: Zur Zählung der Kollektivbits (das entspricht der Textgenerierung, Rückführung auf Vollidentität) $2\lambda \cdot 2^\lambda$ (2^λ Schritte eines Dualzählers von λ Stellen); zum Vergleich des jeweils vorgegebenen Textes mit den $\lambda - \mu$ identisch vorgeschriebenen Stellen $[4(\lambda - \mu) - 1] \cdot 2^\lambda$ Verknüpfungen (um nämlich die Identität von $\lambda - \mu$ Bits a_ν, b_ν zu prüfen, muß für jedes Bit $a_\nu b_\nu \vee \bar{a}_\nu \bar{b}_\nu$ geprüft werden (drei Verknüpfungen), für alle Bits zusammen also $3(\lambda - \mu)$; dazu kommt die Konjunktion aller $\lambda - \mu$ Bitidentitäten, was $\lambda - \mu - 1$ Verknüpfungen sind, insgesamt also $4(\lambda - \mu) - 1$; dieser Aufwand für jeden der 2^λ Schritte); 2^λ

Verknüpfungen des Ergebnisses der Identitätsprüfung mit den Existenzbits. Insgesamt demnach

$$s_v = 2\lambda \cdot 2^\lambda + [4(\lambda - \mu)-1]2^\lambda + 2^\lambda = 2^{\lambda+1}(3\lambda - 2\mu) .$$

Im Falle des Problems 1. Art brauchen im Mittel bei zufälliger Verteilung der k Assoziationsobjekte nicht 2^λ Bits, sondern nur

$$\frac{2^\lambda}{k+1}$$

Bits untersucht zu werden, d.h.

$$\bar{s}_v = \frac{2^{\lambda+1}}{k+1}(3\lambda - 2\mu) .$$

Beim Serienbetrieb wird das Ergebnis beim Problem 4. Art in 2^λ Schritten, beim Problem 1. Art im Mittel in

$$\frac{2^\lambda}{k+1}$$

Schritten gewonnen. Eine Erleichterung ergibt sich, wenn man beim Zählen des "höchsten" Textes den Prozeß beendet.
Der Vergleich der beiden Funktionen für s_v ergibt, daß der Parallelzugriff für $\mu = 0$ (Assoziationsgesetz ist Vollidentität) die geringere Verknüpfungssumme aufweist. Der Serienzugriff besitzt im Fall $\mu = \lambda$ (vollständige Unbestimmtheit des Assoziationsobjektes) die geringere Verknüpfungssumme.
Der Parallelzugriff ist also bei weitgehend bestimmten Texten sehr viel schneller und auch weniger aufwendig. Voraussetzung für jeden Einsatz des Ordnungsprinzips ist allerdings, daß das Verhältnis zwischen Organisations- und Kollektivkapazität erträglich ist, d.h. daß das Kollektiv stark besetzt ist, was selten vorkommt.

Wir werden nun das Notierungsprinzip untersuchen. Es besitzt ja den Vorteil, daß es gerade bei schwach besetzten Kollektiven eine ökonomische Speicherung bietet. Wie schon in 5.2.2 ausgeführt, gibt es vier verschiedene Betriebsarten bezüglich der zeitlichen Aufteilung:
a) Reiner Serienbetrieb (Serienrechner, Bandnotierung)
b) Serien-Parallel-Betrieb (Parallelrechner)
c) Parallel-Serien-Betrieb ("Assoziative Speicher")
d) Reiner Parallel-Betrieb ("Assoziative Speicher").
Diese Fälle werden einzeln untersucht.

a) Reiner Serienbetrieb
Problem 4. Art. Ein Zähler gewinnt aus der Kette der Bits (Reihung aller Texte der Länge λ) Unterketten der Länge λ. Je Schritt macht der Zähler $2[\mathrm{ld}\,\lambda]$ Grundverknüpfungen. Beim Durchsuchen des ganzen Kollektivs von N Texten sind das $N \cdot \lambda$ Schritte, also eine Verknüpfungssumme von $2N \cdot \lambda \cdot [\mathrm{ld}\,\lambda]$. Jeder Text wird dem Assoziationsgesetz unterworfen. Dabei sind für jede der $\lambda - \mu$ auf Identität zu prüfenden Bits drei Grundverknüpfungen zu leisten, es besteht nämlich Bitidentität, wenn

$$a\,b \lor \bar{a}\,\bar{b} = L$$

gilt (vgl. oben). Außerdem ist die Konjunktion aller Bitidentitäten zu prüfen, was auf

$$4(\lambda - \mu) - 1$$

Grundverknüpfungen führt. Dies ist für jeden der N Texte durchzuführen. So ergibt sich als Verknüpfungssumme insgesamt

$$s_v = 2N \cdot \lambda [\mathrm{ld}\,\lambda] + N(4(\lambda - \mu) - 1)$$

Der erste Summand fällt fort, wenn der Speicher schon (durch die Wortteilung) derart organisiert ist, daß die Aufteilung in Texte wegbleiben kann.

Problem 1. Art. Bei (gleichmäßiger) zufälliger Verteilung von k Assoziationsobjekten im Kollektiv sind im Mittel nur

$$\frac{N}{k+1}$$

Texte zu durchsuchen, wenn ein Assoziationsobjekt gefunden werden soll. Die mittlere Verknüpfungssumme ist also

$$\bar{s}_v = \frac{N}{k+1}(2\lambda[\mathrm{ld}\,\lambda] + 4(\lambda - \mu) - 1)$$

Beim Problem 4. Art werden $N \cdot \lambda$ Schritte, beim Problem 1. Art werden im Mittel

$$\frac{N \cdot \lambda}{k+1}$$

Schritte benötigt.

b) Serien-Parallel-Betrieb
(Parallelrechner.) Zum Durchsuchen der N Texte muß ein Zähler von $[\mathrm{ld}\,N]$ Dualstellen benutzt werden. Es ist ein Speicher für N Texte der Länge λ vorhanden, aus dem die Texte parallel entnommen werden. Die Verknüpfungssumme beträgt beim Problem 4. Art für den Zähler bei N Schritten $N \cdot 2[\mathrm{ld}\,N]$. Ist N nicht zu klein, so sind für die "Adressen"-Entschlüsselung (Auswählen eines Textes aus N) ungefähr N Grundverknüpfungen notwendig (vgl. das oben über die Entschlüsselungsmatrix beim Ordnungsprinzip Gesagte und Bild 10). Beim Problem 4. Art wird die Entschlüsselung N mal vorgenommen, mithin N^2 Grundverknüpfungen. Schließlich müssen alle N Texte geprüft werden ($N(4(\lambda - \mu) - 1)$). Insgesamt also

$$s_v \approx N\{2[\mathrm{ld}\,N] + N + 4(\lambda - \mu) - 1\} ,$$

Schrittzahl N. Wie früher gilt beim Problem 1. Art

$$\bar{s}_v = \frac{N}{k+1}\{2[\mathrm{ld}\,N] + N + 4(\lambda - \mu) - 1\} ,$$

mittlere Schrittzahl

$$\frac{N}{k+1}$$

Der Vergleich mit der vorigen Formel zeigt, daß das Parallelprinzip überall da dem Serienprinzip überlegen ist, wo (ungefähr)

$$2\,\mathrm{ld}\,N + N < 2\lambda[\mathrm{ld}\,\lambda]$$

ist.

Es gibt aber viele Fälle, in denen der Geschwindigkeitszuwachs auch die größere Verknüpfungssumme rechtfertigt.

c) Parallel-Serien-Betrieb
(Einige assoziative Speicher.) Hier können gleichzeitige Mehrfachassoziationen vorkommen. Beim Problem 1. Art brauchen sie nicht nach außen gemeldet zu werden. Es ist lediglich für $\lambda - \mu$ Stellen in allen N Texten die Identitätsprüfung zu machen,

$$N(4(\lambda - \mu) - 1) .$$

Schrittzahl: $\lambda - \mu$.

Wenn das Problem 4. Art zu lösen ist, kann z.B. durch den Frei-Goldberg-Algorithmus bei k Objekten und μ freien Stellen die Lösung auf die von ungefähr $k \cdot \mu$ Assoziationsproblemen 1. Art zurückgeführt werden (7.3, [21]). Die Verknüpfungssumme ist also z.B.

$$s_v \approx k \cdot \mu \cdot N(4(\lambda - \mu) - 1) .$$

Schrittzahl: $k \cdot \mu(\lambda - \mu)$.

d) Reiner Parallelbetrieb

(Einige assoziative Speicher.) Es wird in allen Stellen zugleich geprüft. Die Ergebnisse von c. werden durch die andere zeitliche Ordnung nicht berührt, es ist also

$s_v = N(4(\lambda - \mu) - 1)$ (Problem 1. Art) und

$s_v \approx k \cdot \mu \cdot N(4(\lambda - \mu) - 1)$ (Problem 4. Art).

Schrittzahl: 1 bzw. $k \cdot \mu$.
Der reine Parallelbetrieb ist also vor allem bei der Prüfung auf Vollidentität zu empfehlen.

5.4 Mischung von Ordnungs- und Notierungsprinzip (Adressenprinzip)

Der typische Rechenmaschinenspeicher benutzt nicht das reine Ordnungs- oder das Notierungsprinzip, sondern einen Kompromiß beider. Ein Adreßspeicher mit 2^a Wörtern der Länge 1 kann angesehen werden als eine Organisation für 2^a Texte der Länge $\lambda = a + 1$. Jeder Text der Länge dieses Kollektivs ist also in zwei Teile gebrochen, von denen der erste nach dem Ordnungsprinzip, der zweite nach dem Notierungsprinzip dargestellt wird. Dieses Prinzip heißt Adressenprinzip, der Teiltext der Länge a "Adresse", der Teiltext der Länge 1 "Wort".

Ein Speicher nach dem Adressenprinzip ist ein sehr spezieller assoziativer Speicher. Darauf ist in 5.2 hingewiesen worden. Es kann nur nach der Identität mit der Adresse gefragt werden. Es sind keine Wiederholungen in diesem Teil möglich. Dieses Konzept ist verständlich, wenn man die Aufgabe der Programmspeicherung bei einer sequentiellen Verarbeitung (2.6) betrachtet. Solche Speicher sind sehr gut zur Aufnahme sequentieller Vorschriften geeignet. Ist die Vorschrift aber simultan als Liste von Zuordnungen formuliert, dann ist unter Umständen die Starrheit des Assoziationsgesetzes und des Teiltextes "Adresse" sehr unbequem. Das gleiche gilt oft für Operanden.

Nr.	Kapitel	Veröffentlicht	Erfinder	Betriebsart	Assoz.-Probl.	Speicherelemente	Realisiert	wahrscheinlich möglich
1	7.4	1956 [13]	Slade McMahon	parallel	1	Drahtkryotrons	200-Bit-Modell, 1956/57	Assoziieren in 10 µs Schreiben in 500 µs
2	7.5	1957 [14]	Slade	parallel	1, Festspeicher	Drahtkryotrons		
3	7.4	1960 [15]	Slade Smallman	parallel, Lesen z.T. in Serie	1, 3, keine Mehrfachassoziation	Dünnschichtkryotrons	3x8-Bit-Modell	4 000 x 25 Bit bei 20 ns Assoziationszeit
4	7.6	1960 [39]	Coil	Ser.-paral.	alle	Trommeln	16 Trommeln zu je 64 000 α-Zeichen	
5	7.7	1960 [17]	Seeber	parallel	(selbstsort. Gedächtnis)	Dünnschichtkryotrons		
6	7.8	1961 [18,19]	Kiseda McDermid Petersen Seelbach Teig	prallel-seriell	mit Rechner: alle	Einlochferritkerne	2x2-Bit-Modell	4 000 x 72 Bit, 10 MHz Bit-Takt
7	7.9	1961 [35, 36]	Learn	parallel	1, 3 keine Mehrfachassoz.	Dünnschichtkryotrons		
8	7.6	1962 [20]	Seeber Lindquist	z.B. parallel	(sortierte Ausgabe)	z.B. Dünnschichtkryotr.		
9		1962 [29]	Prywes Grey					
10	7.10	1962 [28]	Newhouse Fruin	parallel	alle	Dünnschichtkryotrons	Labormodell	300 000 Bit, 50 µs Assoziationsz.
11	7.11	1962 [37]	Lewin					
12	7.12	1962 [30]	Davies	parallel	alle	Dünnschichtkryotrons		
13	7.13	1962 [31]	Rosin					
14	7.14	1963 [34]	Goodyear Aircraft Corp.	parallel		Mehrlochferritkerne	32 000 Wörter zu je 10 Ziffern	
15	7.15	1963 [32]	Lee Pauli	teils-teils	alle			
16		1963 [40]	Lussier Schneider					

Bild 10   Übersicht über gebaute und vorgeschlagene assoziative Speicher

Zumeist ist die Codierung des (fiktiven) Gesamttextes in einem Adressenspeicher dadurch redundant, daß ein Teil der im Wort vorhandenen Information auch durch die Adresse ausgedrückt wird oder daß die Adresse überhaupt keine Information trägt. Wenn in einem solchen Speicher eine Liste vollständig notiert geführt wird, aber ungeordnet, so ist letzteres der Fall. In einer sortierten Liste trägt die Adresse eine Information, die aus der Gesamtheit aller Texte der Liste gewinnbar ist (Sprachlexikon!).

Abgesehen von der Aufgabe der Speicherung eines sequentiellen Programms gibt es noch einige weitere Gründe, die für das Adressenprinzip sprechen können. Die implizite Darstellung der Adresse durch die Speicherstruktur bzw. durch Wortzähler oder Entschlüsselungsmatrix ist billiger als bei expliziter Notierung. Diese Vorrichtung entspricht einem Festspeicher und ist daher auch schneller als ein Arbeitsspeicher. Deshalb besitzen ferner Adressenspeicher eine kürzere Assoziations-("Zugriffs"-)Zeit als Speicher mit vollständig notierten Texten.

Bei Ordnung des Kollektivs in Blöcken kann dagegen die Adresse wenigstens zum Teil zur Darstellung von im Text nicht genannter Information verwendet werden. Wenn die Liste statistischen Gesetzen unterliegt, wird bei einer Blockorganisation der Speicherraum aber schlecht ausgenutzt, da die Anpassung zwischen der starren Adressenordnung und den zufälligen Listeneintragungen nur durch freie Plätze möglich ist. Bei allen diesen Organisationen in Adreßspeichern ist ein Kompromiß zwischen schneller Assoziation und guter Platznutzung notwendig.

Wie die Aufteilung des Gesamttextes λ in Adresse und Wort am besten vorgenommen wird, hängt von den Eigenschaften des zu speichernden Kollektivs ab. Das ist an Beispielen zu übersehen. Ist das Kollektiv eine sequentielle Vorschrift aus b Befehlen der Länge l, so ist die Textlänge $\lambda = [ld\ b] + l$, und die Adresse ist zweckmäßigerweise gleich dem ersten Summanden: es gibt ja immer nur einen aktuellen Befehl, und die übliche Umdenkung der laufenden Befehlsnummer in eine Adresse ist angemessen. Ähnliches gilt, wenn eine Codetabelle zu speichern ist, die einen c-Bit-Code in einen anderen c-Bit-Code in einer Richtung übersetzt. Dann ist die Textlänge also $\lambda = 2c$, und die Adresse ist zweckmäßigerweise gleich dem Ausgangscode und das Wort gleich dem Zielcode. Wenn dagegen das Kollektiv eine rein statistische Auswahl von N Texten der Länge ist, wie oben bei der Diskussion von Ordnungs- und Notierungsprinzip angenommen wurde, so kann das Kollektiv in Blöcken geordnet werden, wobei die Blocknummer (Adresse!) eine Teilinformation liefert. Die Bemessung der Blöcke und die Aufteilung des Gesamttextes in Blocknummer (Adresse) und vollständig notiertem Resttext kann so erfolgen, daß eine Ausweichorganisation wegen Blocküberlaufs nur mit vorgegebener Häufigkeit in Anspruch genommen wird. Es ist daher - abgesehen von trivialen Ausnahmen (sequentielles Programm) - so, daß Kollektiveigenschaften und Organisation die zweckmäßige Adressenlänge festlegen.

6. Hinweise auf das menschliche Gedächtnis

In den letzten Jahrzehnten sind immer wieder technische Vorstellungen und Erfahrungen benutzt worden, um unser Bild vom Wesen und der Arbeitsweise des menschlichen Gedächtnisses zu präzisieren. S c h a e f e r [9] hat über die Ergebnisse dieser Untersuchungen einen sehr guten Überblick gegeben. Aus der Idee des assoziativen Speichers und insbesondere der Organisation nach dem Notierungsprinzip lassen sich nun zwanglos einige Eigenheiten des menschlichen Gedächtnisses erklären, die mit dem klassischen Speicherkonzept nicht plausibel gemacht werden können. Abgesehen von dem eigentlichen Zweck des assoziativen Speichers, nämlich Inhalte direkt aufrufen zu können, ergeben sich noch folgende "Menschlichkeiten" des assoziativen Speichers bzw. der zuordnenden Methode:

a) Die zuordnende Methode bzw. der assoziative Speicher ist dann die gegebene Organisationsform, wenn sehr viele sehr langsame Bauelemente zur Verfügung stehen. Das ist im Gehirn der Fall. Das Schaltneuronennetz erlaubt Taktfrequenzen von 10 bis 100 Hz, bedingt durch eine entsprechende Relaxionszeit nach der Impulsabgabe und durch die geringen Ausbreitungsgeschwindigkeiten entlang den Leitungen. Die erheblichen Leistungen des Gehirns in der Informationsverarbeitung (Sprachübersetzung mit gleicher Geschwindigkeit wie ein schneller Rechner; Zugriffszeit in das Gedächtnis von ca. 10^{12} bit liegt im Durchschnitt unter 1 sec; größte Rechnerspeicher ca. $10^7 - 10^8$ Bit) sind nur durch Zuordnung, nicht aber durch Konstruktion (vgl. Kap. 2) vorzustellen.

b) Der Mensch muß sich in eine ihm anfangs unbekannte Außenwelt einlernen bzw. später sich ihr anpassen. Dazu ist eine Organisation des Erfahrungsschatzes notwendig, die auf eine komplexere Umwelt Rücksicht nimmt als tatsächlich vorhanden ist. Die geeignete Arbeitsform ist die zuordnend-assoziative (vgl. Kap. 2).

c) Der rein assoziative Speicher zeigt die Erscheinung, daß die Kapazität nicht mehr gleich der Anzahl der Speicherbits ist. Die Anzahl der (physikalisch) vorhandenen Bits ist nur die obere Grenze der Speicherkapazität. Die reale Kapazität hängt von der verwendeten Organisation ab. Und zwar wächst sie, je mehr man die Länge der Texte steigern kann. Entsprechend versucht der Mensch Dinge "im Zusammenhang" zu lernen (Merkverse, Eselsbrücken). Die Gedächtniskapazität läßt sich erhöhen, wenn man Verbindungen zwischen Einzelinhalten herstellen kann, die vorher zusammenhanglos waren. Das Gedächtnis braucht nicht physisch zu wachsen, um neue Inhalte aufzunehmen.

d) Das (populär als Lernen bezeichnete) Neuaufnehmen von Inhalten ist beim Menschen keine triviale Aufgabe; Auswendiglernen ist geistige Arbeit. Beim konventionellen

Rechenmaschinenspeicher ist dagegen das Aufnehmen und Wiedergeben z.B. eines Gedichtes eine triviale Aufgabe. Beim rein assoziativen Speicher aber nicht (vgl. Kap. 5 und 7).

e) Das Löschen eines Inhaltes ist unproblematisch beim Adressenspeicher, nicht aber beim rein assoziativen Speicher. Im menschlichen Gedächtnis ist es sehr wahrscheinlich unmöglich. Es ist nur möglich, die Regenerierungsprozesse, die zur dauerhaften Speicherung notwendig sind, zu unterdrücken (Verdrängung). Manches spricht dafür, daß dadurch nur der willkürliche Zugriff zu solchen Inhalten verloren geht. In Ausnahmesituationen (äußerer heftiger Anstoß; Tod) erscheinen oft "vergessene" Inhalte wieder.

f) Der Mensch muß wahrscheinlich sehr viel stark redundante Information speichern, speziell "Texte", bei denen $N \ll 2^\lambda$ ist, (vgl. 5.), also Listen mit geringer Dichte (Wortgedächtnis, alle Gedächtnisse, die der "Erkennung" von äußeren Nachrichten dienen). Für solche Texte ist das Ordnungsprinzip zu unwirtschaftlich und das Notierungsprinzip bietet sich an, also eine rein assoziative Organisation.

Das Interessante aus den hier aufgezählten Entsprechungen ist, daß diese "Menschlichkeiten" zum Teil möglicherweise zwangsläufige Nebenfolgen der Assoziationsfähigkeit sind. Auch scheint es mir wegen dieser überraschenden Entsprechungen unwahrscheinlich, daß etwa das Gedächtnis intern doch mit Adressen arbeitet.

7. Übersicht über Arbeiten auf dem Gebiet der assoziativen Speicherung

7.1 Gesamtübersicht

Die früheren Arbeiten auf dem Gebiet der assoziativen Speicherung sind in rein theoretische und technische geteilt. Zu den theoretischen Arbeiten gehört zuerst die Untersuchung von Shooman über die vertikale Datenverarbeitung, die die Möglichkeiten des Parallelserienbetriebs prüft und einige Grundphänomene aufzeigt, die das (parallele) Konzept der meisten assoziativen Speicher von dem (seriellen) Konzept der Adressenspeicher unterscheidet. Drei Arbeiten beschäftigen sich mit der schrittweisen Erkennung bzw. Isolierung von einzelnen Assoziationsobjekten bei Mehrfachassoziationen. Mit Hilfe der angegebenen Algorithmen kann man höhere Assoziationsprobleme auf niedrigere zurückführen.

Die technisch orientierten Arbeiten beschreiben 16 Entwürfe für assoziative Speicher (vgl. Bild 10). Nicht aufgenommen sind mechanische Entwürfe, wie z.B. Randlochkarten. Es fehlt auch der wahrscheinlich älteste elektronische Entwurf; bei dem "Johnniac"-Rechner war ein Speicher vorgesehen, der ohne Mitteilung von Adressen Wörter aufnehmen und - irgendwie näher bezeichnet - wieder abgeben kann (genannt "the pit").

7.2 Vertikale Datenverarbeitung

Entsprechend 5.3.3 lassen sich vier Betriebsweisen angeben, die man bei der Verarbeitung eines in Wörter gegliederten Speicherinhalts anwenden kann:

a) Reiner Serienbetrieb
   Die Stellen eines Wortes werden nacheinander verarbeitet. Ist ein Wort verarbeitet, so folgt das nächste (Serienrechner).

b) Serien-Parallel-Betrieb
   Alle Stellen eines Wortes werden zugleich verarbeitet. Ist ein Wort verarbeitet, so folgt das nächste (Parallelrechner).

c) Parallel-Serien-Betrieb
   In allen Wörtern wird zugleich dieselbe Stelle verarbeitet. Die verschiedenen Stellen folgen zeitlich aufeinander.

d) Reiner Parallelbetrieb
   Alle Stellen aller Wörter werden zugleich verarbeitet.

Shooman [7] entdeckte, daß viele Verarbeitungsprobleme bei einem Vorgehen nach c eleganter lösbar sind als beim konventionellen Vorgehen (a oder b). Ausgehend von der Vorstellung, die Wörter im Speicher seien Zeilen einer Matrix, nennt er die konventionellen Vorgehensarten a und besonders b "horizontale Verarbeitung". Die Vorgehensart c bezeichnet er als "vertikale Verarbeitung". Bei dieser Verarbeitungsart hängt die Zeit der Verarbeitung nicht von der Anzahl der Operanden, sondern von der Stellenzahl ab, sofern das Verarbeitungswerk nur groß genug ist. Natürlich ist die eigentliche Verknüpfungsarbeit nicht geringer als bei konventioneller Vorgehensart. Jedoch ergeben sich sehr oft erheblich schnellere Verarbeitungsprozesse als bei der "horizontalen" Verarbeitung. An die Stelle von bedingten Sprüngen in Verarbeitungsvorschriften treten Markieroperationen; wenn eine Menge von Daten nach einem binären Merkmal zur Verarbeitung getrennt werden muß, so geschieht das bei "horizontaler" Verarbeitung durch einen der Bearbeitung vorgesetzten bedingten Sprung. Bei vertikaler Verarbeitung werden in einer - alle Daten vertikal erfassenden - Voroperation Markierungsbits gesetzt, die das Merkmal beschreiben. In der Hauptoperation werden alle markierten Wörter nach der ersten Vorschrift verarbeitet; dann werden die Markierungen invertiert und geben so die nicht bearbeiteten Wörter zur zweiten Verarbeitung frei. Shooman schlägt einen "orthogonalen" Rechner vor, der die Daten in konventioneller Weise übernimmt und ausgibt und sie vertikal verarbeitet.

Die Idee der vertikalen Verarbeitung ist eine Verallgemeinerung eines Grundkonzeptes assoziativer Speicher. Insbesondere das Ersetzen von Programmverzweigungen durch das Anbringen von wortweisen Markierungen und das Ausschließen passend markierter Worte aus der simultanen Verarbeitung läßt sich mit großem Nutzen auf Arbeiten in assoziativen Speichern anwenden.

7.3 Algorithmen von Frei und Goldberg, von Seeber und Lindquist und von Lewin

Frei und Goldberg haben als erste einen Algorithmus angegeben [21], der es erlaubt, in einem Speicher, der nur Assoziationsprobleme erster Art lösen kann, nacheinander alle assoziierten Texte zu "identifizieren". Dieser Algorithmus gestattet also unter gewissen Umständen höhere Assoziationsprobleme auf das erster Art zurückzuführen. Vor allem führt er dabei Mehrfachassoziationen auf eine Folge von Einfachassoziationen zurück.

Es wird vorausgesetzt, daß alle Texte mit einem Kennzeichen $d_n \ldots d_j \ldots d_0$ versehen sind, das sie eindeutig unterscheidet. Diese Voraussetzung ist von Frei und Goldberg meines Erachtens unnötig streng angegeben worden; wahrscheinlich müssen zwei Texte, die mit dem Algorithmus unterschieden werden sollen, überhaupt nur verschieden sein. Als Assoziationsgesetz muß die Teilidentität prüfbar sein; d.h. es wird von einer Stelle im Text verlangt, daß sie zur Assoziation 0, L oder X sein soll (X für gleichgültig). Der Speicher braucht für die Anwendung des Algorithmus nur einen einzigen Ausgang zu haben, der angibt, ob wenigstens ein Text assoziiert wurde (Problem 1. Art).

Das Flußdiagramm des Algorithmus ist in Bild 11 gegeben.
Beispiel zum Algorithmus:
Es sei $\lambda = 10$. Die ersten sechs Bit jedes Textes enthalten die eigentliche Information, die letzten vier Bit sind das Kennzeichen $d_3 d_2 d_1 d_0$ (n = 3). Das Assoziationsgesetz sei die Teilidentität, und zwar werde nach L0LXX/XXXX gefragt. Das Kollektiv enthalte drei Texte, die Assoziationsobjekte sind:
L0L0LL/L000
L0L00L/L0L0
L0L000/0LLL
Der Algorithmus wird dazu benutzt, um die hintere Tetrade (Kennzeichen, Pseudoadresse) zu gewinnen. Bei allen Assoziationsversuchen wird der Vordertext nach L0L0XX gefragt.

Nummer des Strukturdiagrammes	Kennzeichen
1	XXXX
2	LXXX
3	Assoziation gelingt
2	LLXX
3	Assoziation gelingt nicht
4	L0XX
2	L0LX
3	Assoziation gelingt
2	L0LL
3	Assoziation gelingt nicht
2	L0L0
5	L0L0 ist ein Kennzeichen
8	L0LX
6	L00X
7	Assoziation gelingt
2	LL0L
3	Assoziation gelingt nicht
4	L000
5	L000 ist ein Kennzeichen
8	L00X
8	L0XX
8	LXXX
6	0XXX
7	Assoziation gelingt
2	0LXX
3	Assoziation gelingt
2	0LLX
3	Assoziation gelingt
2	0LLL
3	Assoziation gelingt
5	0LLL ist ein Kennzeichen
6	0LL0
7	Assoziation gelingt nicht
8	0LX0
6	00X0
7	Assoziation gelingt nicht
8	0XX0
8	XXX0
9	Weitere Kennzeichen bestehen nicht

Offenbar läßt sich der Algorithmus auch dazu verwenden, nicht ein zählendes Kennzeichen zu ermitteln, das z.B. die Adresse angibt, über die der Text ausgelesen werden kann, sondern die fehlenden Bit (im Beispiel Bit fünf und sechs des Textes) unmittelbar zu bestimmen. Außerdem kann man auch von der Einschränkung loskommen, daß der Text nur mit der (Teil-) Identität assoziiert werden kann. Schließlich haben F r e i und G o l d b e r g auch Schätzungen angegeben, wie viele Speicherabfragen z.B. zur Durchsuchung des ganzen Speichers bei einer Assoziationsaufgabe notwendig sind, und zwar beträgt ihre Anzahl f ungefähr im Mittel

$$f \approx k \cdot ld\ N$$

(k Zahl der Assoziationsobjekte, N Zahl der Texte im Kollektiv).

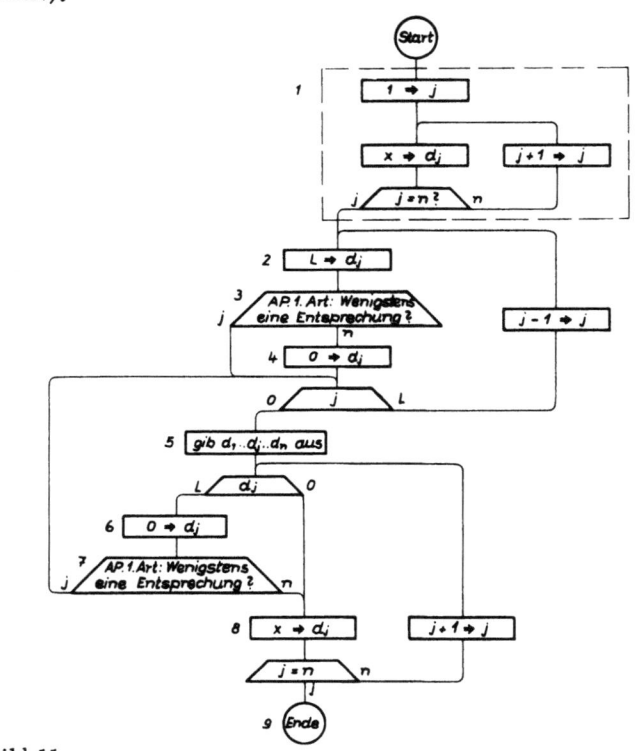

Bild 11
Flußdiagramm zum Algorithmus von Frei und Goldberg

Auch S e e b e r und L i n d q u i s t [20] (vgl. auch 7.6) haben einen Suchalgorithmus angegeben, der für ihren Speicher benutzt werden soll. Der Algorithmus braucht weniger Speicherabfragen, verlangt aber vom Speicher auch mehr Information als Abfrageergebnis. Der Speicher muß zuerst ein Problem lösen können, das zwischen dem erster und zweiter Art steht, nämlich die ternäre Entscheidung: kein Assoziationsobjekt - ein Assoziationsobjekt - mehr als ein Assoziationsobjekt.

Sobald in einem Fragealgorithmus ähnlich dem von F r e i und
G o l d b e r g ein Assoziationsobjekt soweit spezifiziert ist, daß
es das einzige ist, kann ein zu diesem Text gehöriger Worttreiber betätigt werden, der dieses Wort ausliest (Problem
3. Art).

Schließlich hat M. H. L e w i n einen Algorithmus angegeben,
der schneller als beide früheren zum Ziel führt. Zugleich gibt
L e w i n [37] einen kritischen Vergleich aller drei Algorithmen.
Der Algorithmus von Lewin verlangt, daß über die früheren
Forderungen hinaus, der Speicher Auskunft geben kann, ob in
einer bestimmten Stelle alle Assoziationsobjekte übereinstimmen oder nicht. Beim Algorithmus von Lewin hängt die Anzahl der Suchschritte nicht mehr von der Wortlänge bzw. der
Speichergröße ab, sondern nur noch von der Anzahl der Assoziationsobjekte k und ist 2k - 1.

7.4 Das "Catalog Memory" von Slade und McMahon

S l a d e und M c M a h o n [13] berichteten 1956 über einen
assoziativen Speicher mit Draht-Kryotrons, genannt "Catalog
Memory". Der Speicher arbeitet im reinen Parallelbetrieb und
erlaubt nur das Lösen von Assoziationsproblemen 1. Art. Als
Assoziationsgesetz kann nur die Vollidentität benutzt werden.
Das Schreiben von Wörtern muß über eine Adressenentschlüsselung vorgenommen werden. Wo jeweils neu geschrieben werden darf, ist nicht assoziativ feststellbar. Es muß also außerhalb des Speichers eine Adressenliste leerer Zellen geführt
werden.

Die technische Grundidee ist folgende: Alle Speicherbits
werden in Kryotron-Flipflops gehalten. Jedem Bit ist ein
Kryotron-Antivalenztor zugeordnet, das nur dann einen Widerstand zwischen 1 und 2 besitzt, wenn die Eingangssignale
an 3 und 4 übereinstimmen (Bild 12). Im Speicher bilden
das jeweilige Speicherbit und das stellengleiche Bit des Assoziationssubjektes die Eingänge 3 und 4. Alle Antivalenztore
eines Wortes sind parallel geschaltet und werden von einem
eingeprägten Strom durchflossen. Wenn ein Wort mit dem
Assoziationssubjekt übereinstimmt, besitzt seine Parallelschaltung einen Widerstand, und der entstehende Spannungsabfall dient als Assoziationssignal. Er ist sehr klein (ca. 10 uV
bei einer Wortlänge λ = 25, I = 0,5 A), aber wegen der tiefen Temperatur und der notwendigen Dewar-Kapselung praktisch frei von Rausch- und Streuspannungen. S l a d e schätzte,
daß Assoziationsprobleme in ca. 10 Mikrosekunden und Neueinschreibungen in ca. 500 Mikrosekunden durchführbar sein
würden. Ein 200-Bit-Modell wurde 1957 gebaut.

Der erste Entwurf von S l a d e führte jedoch nicht zu befriedigenden Ergebnissen. Vor allem liefen die Suchoperationen
viel langsamer ab als erwartet. Mit den inzwischen entwickelten Dünnschichtkryotrons wurde daher ein neuer Speicher entworfen [15]. Die Organisation blieb im wesentlichen dieselbe.
Jedoch läßt sich auch die Teilidentität als Assoziationsgesetz
verwenden, wenn auch nur in starrbegrenzten Wortteilen (z.B.
Unterteilung: Autor-Titel-Standort in einem Bibliotheksverzeichnis). Entsprechend muß für das Auslesen des assoziierten
Wortes gesorgt werden. Es geschieht serienweise durch eine
binäre Fragetechnik im unbekannten Wortteil, dem Frei-
Goldberg-Algorithmus ähnlich.

7.5 Der "gewebte Cryotron-Speicher" von Slade

Ebenfalls von S l a d e [14] stammt der Entwurf zu einem assoziativen Festspeicher, der Probleme erster Art bei Vollidentität
zwischen Assoziationssubjekt und -objekt lösen kann. Der
Speicher wird mit Drahtkryotrons aufgebaut. Alle Wortdrähte
sind parallel geführt und derart mit den Bitdrähten, die das
Assoziationsobjekt übermitteln, verknüpft, daß nur der das
gesuchte Wort repräsentierende Draht supraleitend bleibt. Die
Parallelschaltung wird von einem eingeprägten Strom durchflossen, an der dann nur bei Existenz eines Assoziationsobjektes
keine Spannung auftritt. Es erscheint auch möglich, durch
Kombination von mehreren derartigen Speichern andere Assoziationsgesetze zu benutzen.

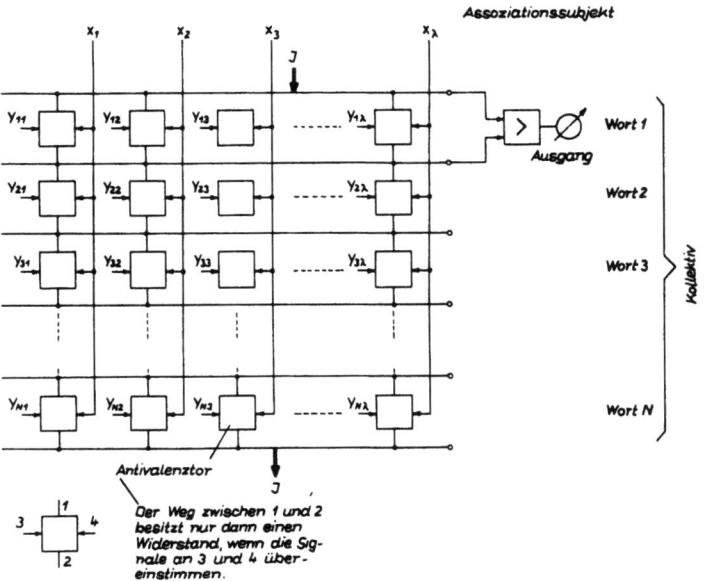

Bild 12
Prinzipbild des Cryotron Catalog Memory nach Slade und
McMahon

7.6 Der vielfach-adressierbare Speicher von Coil (Librafile)

1960 berichtete E. A. C o i l [30] über ein System von bis zu
16 Speichertrommeln, auf denen Flugsicherungsdaten nach
verschiedenen Gesichtspunkten aufgerufen werden können. Die
Trommeln entsprechen den üblichen. Anstelle der starren
Adreßorganisation aber ist die Notierung in Blöcken variabler
Länge getreten, zu denen jeweils eine Überschrift gehört.
Außerdem wird jedem Block seine Trommeladresse eingeschrieben. Durch die in der Überschrift gegebenen Kennzeichen können passende Blöcke gewählt werden. Die Angabe
einer Blockadresse erlaubt auch, einen ausgelesenen und extern geänderten Block wieder an seinen Platz zurückzubringen.
Blöcke können für ungültig erklärt werden und der freiwerdende Speicherraum durch den Speicher selbsttätig bei Bedarf neu
gefüllt werden. Jede Trommel kann 64 000 Alpha-Zeichen
tragen.

Die Überschriften werden auf der Trommel in einer wortbreiten Spur konsekutiv dicht gespeichert. Dadurch können mit
einer einzigen Trommeldrehung alle Überschriften geprüft
werden. Die jeweils zugehörigen Blocks (Resttexte) werden
auf parallelen Spuren im Drehwinkel versetzt geschrieben.
Nur jeweils ein Block kann ausgelesen werden. Diese Organi-

sation bringt es mit sich, daß nachdem das Auslesen eines Blocks begonnen worden ist, sieben weitere Blöcke nicht mehr in derselben Umdrehung ausgeliefert werden können, obwohl ihre Überschriften erkannt worden sind. Das Assoziationsgesetz ist die (Teil-)Identität mit der Überschrift. Alle Assoziationsprobleme sind lösbar.

7.7. Die Sortierspeicher von Seeber und Lindquist

Im Jahre 1960 veröffentlichte Seeber den Plan eines "Selbstsortierenden Speichers". Grundsätzlich macht die Einführung assoziativer Speicher das Sortieren von Daten überflüssig. Solange jedoch assoziative Speicher nicht allgemein sind, kann man Hilfseinrichtungen bauen, die Daten zur Aufnahme in konventionelle Speicher oder zum Ausgeben vorsortieren. Um eine solche Einrichtung handelt es sich hier, nicht streng genommen um einen assoziativen Speicher.

Der selbstsortierenden Speicher kann Wörter nach ihrer Größe bzw. nach der Größe eines Wortteiles ordnen. Er bringt sie dabei in eine sortierte Folge innerhalb des Speichers. Jedem neu angebotenen Wort wird durch einen simultanen parallelen Größenvergleich mit dem Speicherinhalt ein Platz zwischen genau zwei Wörtern angewiesen. Zwischen je zwei (Haupt-)Registern, die gewöhnlich die Wörter gespeichert enthalten, befindet sich jeweils ein Hilfsregister, das der etwaigen Aufnahme eines neukommenden Wortes dient und den notwendigen Zwischenspeicher bei der nachfolgenden Blockverschiebung bildet. Ist der Speicher gefüllt, so verläßt beim nächsten Anbieten eines neuen Wortes das bisher größte (oder bei einer anderen Betriebsart das bisher kleinste) Wort den Speicher. Die ganze Einheit sollte in Dünnfilm-Kreuzschicht-Kryotrons aufgebaut werden.

Da dieser Plan verhältnismäßig aufwendig war und inzwischen mehrere neue Ideen für assoziative Speicher aufgetaucht waren, veröffentlichte Seeber mit Lindquist 1962 ein neues Konzept eines Sortierspeichers [20]. Im wesentlichen handelt es sich um einen assoziativen Speicher in der Art des Entwurfes von Slade (7.4) oder Petersen et al. (7.8). Beim Herausrufen des größten oder kleinsten Wortes (bzw. eines Wortes mit dem größten oder kleinsten Kennzeichen) werden nicht mehr Transporte im Speicher gemacht. Auch gibt es nicht mehr die erwähnten Zwischenregister. Das Suchen des größten bzw. kleinsten Wortes geschieht durch einen Algorithmus ähnlich dem von Frei und Goldberg (7.3). Mittelwerte für die Anzahl der zum Finden eines Wortes notwendigen Teilabfragen im Speicher werden angegeben. Interessant ist, daß in typischen Bausteinen zur Durchführung des Suchalgorithmus ternäre Variable auftreten.

7.8 Der assoziative Magnetkernspeicher von Kiseda, McDermid, Petersen, Seelbach und Teig

Im Jahre 1961 schlugen Kiseda, McDermid, Petersen, Seelbach und Teig [18, 19] einen neuen assoziativen Speicher vor, der anspruchsvollere Aufgaben zu lösen gestattet als die früheren Konzepte und mit konventionellen Bauelementen (Ferritringkernen) aufgebaut wird. Der Speicher arbeitet im Parallel-Serien-Betrieb. Als Assoziationsgesetz kann die Identität über beliebige Wortteile verwendet werden. Der Inhalt eines wortlangen Registers M (vgl. Bild 13) kennzeichnet die zu vergleichenden Stellen durch eine L. Der Registerinhalt heißt Maske (select pattern). Ein anderes, ebenfalls wortlanges Register AS nimmt das Assoziationssubjekt auf. Wie bei einem konventionellen (wortorganisierten) Kernspeicher nimmt jede Matrix dieselbe Stelle aller Wörter auf. Nur ist zur Speicherung eines Bits nicht nur ein Kern vorgesehen, sondern zwei Kerne. Zusammen mit einer Gleichstromvormagnetisierung wird derart für ein zerstörungsfreies Auslesen beim Assoziieren gesorgt. Der Speicher kennt folgende Betriebsarten:

a) **Assoziatives Suchen und Lesen**

Ein Assoziationsobjekt wird im AS-Register aufgenommen. Eine Maske wird in das M-Register eingetragen. Nacheinander werden nun die Stellenleitungen für Assoziieren (SLA) unter Strom gesetzt, sofern das zugehörige Maskenbit L ist. Jede SLA ist doppelt vorhanden, einmal für eine 0 im Assoziationssubjekt, und einmal für eine L. Die Verdrahtung der in Bild 13 durch einen Kreis angedeuteten 2-Kern-Speicherelemente ist derart ausgeführt, daß bei Antivalenz des gespeicherten Bits und des über SLA kommenden Signals über die Wortleitung für Assoziieren (WLA) ein Signal abgegeben wird. Dieses Signal ist so schwach, daß es in den anderen Bits des betreffenden Wortes keine Veränderung hervorrufen kann. Dagegen vermag es den dem Wort zugeordneten bistabilen Detektor (rechte Matrix) einzustellen. Vor dem Assoziieren sind alle Detektoren auf L gestellt worden. Da mit den Zeitschritten 1, 2, ..., λ nacheinander alle Matrizen in dieser Art abgefragt werden, ist am Ende der Detektorinhalt des ν ten Wortes

$$\bar{d} = \bar{i}_{1\nu} \vee m_1 \vee \bar{i}_{2\nu} \vee m_2 \vee \ldots \vee \bar{i}_{\lambda\nu} \vee m_\lambda$$

wobei i_u die Identität mit dem Assoziationssubjekt in der uten Stelle des ν ten Wortes ist und m_u die ute Stelle der Maske.

Damit ist

$$d_\nu = \bar{\bar{d}} = (i_{1\nu} \vee \bar{m}_1)(i_{2\nu} \vee \bar{m}_2) \ldots (i_{\lambda\nu} \vee \bar{m}_\lambda);$$

d.h. daß nur für diejenigen Wörter am Ende des Suchens ein Detektor auf L stehen kann, in denen in allen Stellen entweder Identität besteht oder die Maske die Stelle für irrelevant erklärt. Die Detektormatrix ergibt also eine Karte der Assoziationsobjekte im Speicher.

Nach diesem Suchen muß das Ergebnis in passender Form nach außen geliefert werden. Es sind drei Fälle zu unterscheiden: Es hat sich kein Assoziationsobjekt gefunden, es hat sich ein Assoziationsobjekt gefunden oder es haben sich mehrere gefunden. Dazu werden alle Detektoren spaltenweise und zeilenweise disjunktiv gelesen. Jeder Zeilenfühler bekommt ein Signal, wenn wenigstens ein Detektor seiner Zeile auf L geblieben ist, entsprechendes gilt für die Spaltenfühler. Erhält kein Fühler ein Signal, so liegt der erste Fall vor. Erhält ein Spalten- und ein Zeilenfühler ein Signal, so wird in einem Zuordner die entsprechende Adresse gefunden und - falls ein Problem dritter oder vierter Art zu lösen ist - damit das Assoziationsobjekt gelesen. Die zugehörige Ansteuerung entspricht der andere wortorganisierter Kernspeicher (Wählerkernmatrix, Treiber links in Bild 12). Der Fall, daß sich Mehrfachassoziationen ergeben haben, ist im Entwurf nicht genau beschrieben. Wahrschein-

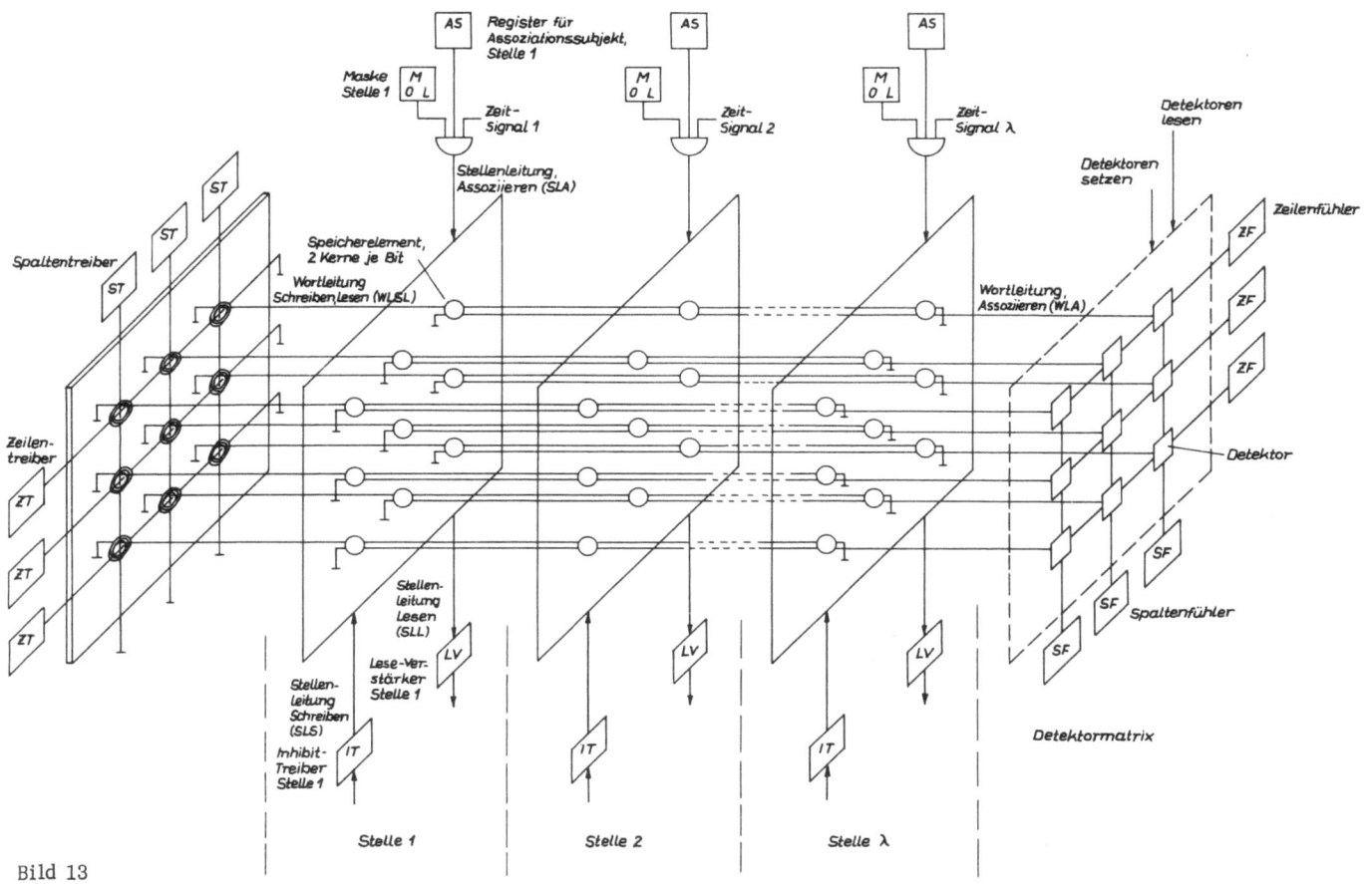

Bild 13

Assoziativer Speicher nach McDermid, Kiseda, Petersen, Seelbach und Teig [18, 19] Prinzipbild ohne Randorgane, neun Wörter von λ Bit (Stellen)

lich ist daran gedacht, die (dann mehrdeutige) Konfiguration der Fühler durch ein Programm in einem übergeordneten Rechner auswerten zu lassen.
Das Lesen kann zerstörend und nichtzerstörend geschehen.

b) Adressiertes Lesen

Das Lesen kann auch wie in einem konventionellen Speicher unmittelbar durch Kenntnis einer Adresse vorgenommen werden. Die zu den Treibern gehörige Ansteuerung ist in Bild 14 weggelassen, da sie konventionell ist.

c) Schreiben

Das Schreiben ist ebenfalls wie in einem gewöhnlichen Speicher möglich. Die Adresse kann aber auch durch Assoziieren gefunden werden. Da das im Falle, daß viele zum Schreiben geeignete Zellen gefunden werden (z.B. alle leeren) auf die langwierigen Mehrfachassoziationen führt hat Haibt [zitiert in 19] vorgeschlagen, alle leeren Zellen durch ein Kontrollbit zu kennzeichnen und in ihnen eine Zählnummer aufzubewahren. Über diese freien Nummern wird extern Buch geführt.

7.9 Der assoziative Speicher von Learn

A. I. Learn [35, 36] hat einen Dünnschichtkryotronspeicher angegeben, der als erster rein assoziativ arbeitet, d.h. für keinen Arbeitsgang werden Adressen verwendet. Allerdings kann der Speicher keine Mehrfachassoziationen leisten; beim Lesen muß das Assoziationsobjekt eindeutig bestimmt sein; da-

gegen können viele Zellen zugleich assoziativ gelöscht werden. Beim Schreiben wird aus vielen leeren Zellen selbsttätig die erste gewählt. Eine elementare Operation dürfte nach den Schätzungen von Learn ungefähr 0,2 Mikrosekunden beanspruchen.

7.10 Das datenadressierte Gedächtnis nach Newhouse und Fruin

Der 1962 von V. L. Newhouse und R. E. Fruin [28] beschriebene Speicher stellt ebenfalls einen rein assoziativen Speicher dar. Es werden - auch intern - keine Adressen verwendet. Der Speicher ist aus Dünnschichtkryotrons aufgebaut und arbeitet parallel. Das Assoziationsgesetz ist die (Teil-) Identität. Folgende Arbeitsgänge sind möglich:

a) Assoziatives Lesen. Nach dem Assoziationsgesetz und -subjekt wird höchstens ein Wort gefunden, das ein Assoziationsobjekt ist. Eine Vorrangschaltung sorgt dafür, daß bei Mehrfachassoziationen nur ein Wort gewählt werden kann. Dieses Wort wird zerstörungsfrei ausgelesen. Hierin liegt ein Fortschritt gegenüber dem Entwurf von Learn [35, 36].

b) Markieren. Das gelesene Wort kann - ohne daß es im Speicher gelöscht wird - markiert werden und so für weitere Assoziationsversuche ausgeschieden werden. Diese Operation wird immer dann vorgenommen, wenn bei Mehrfachassoziationen ein Wort gelesen ist und noch weitere Assoziationsobjekte vorhanden sind, um beim nächsten Lesen nicht wieder das erste Wort zu erhalten.

d) **Assoziatives Schreiben.** Auch die Zelle, in die ein Wort geschrieben werden soll, wird assoziativ bestimmt. Die Operation entspricht dem in 4.7 beschriebenen Auswechseln. Z.B. kann gefragt werden, welche Zellen nur Nullen enthalten. Auch das Löschen ist ein Auswechseln, indem der zu löschende Text gegen einen Nulltext ausgewechselt wird.

Von diesem Speicher wurden Labormodelle gebaut. Die Erfinder halten Speicher von 300 000 Bit Speicherraum und 50 us Assoziationszeit für realisierbar.

7.11 Der inhaltsadressierte Speicher von Lewin

Lewin [37] (vgl. auch 7.3) beschreibt keinen ganzen Speicher, sondern nur Zusatzeinrichtungen, die andere assoziative Speicher befähigen, nach dem von ihm angegebenen Algorithmus zu arbeiten. Besonders wird auf die Supraleitungsspeicher eingegangen.

7.12 Der assoziative Speicher von Davies

P. M. Davies [30] hat ebenfalls einen parallel arbeitenden rein assoziativen Speicher angegeben, der alle Assoziationsprobleme lösen kann. Wie bei allen anderen assoziativen Speichern, ist auch hier nur die (Teil-)Identität als Assoziationsgesetz vorgesehen. Der Speicher soll mit Dünnschichtkryotrons (fünf je Bit) arbeiten. Davies gibt viele Argumente für assoziative Speicher und für die Verwendung von Kryotrons in ihnen.

7.13 Plan eines assoziativen Rechners von Rosin

R. F. Rosin [31] hat eine Organisation für einen Rechner veröffentlicht, der als Kernstück einen assoziativen Speicher entsprechend dem Konzept von Davies [30] oder Newhouse und Fruin [29] besitzt. Er zeigt, welchen Einfluß die Verwendung eines assoziativen Speichers in einem Universalrechner auf die Wortstruktur, die Abwicklung der Befehlsfolge, Unterprogrammorganisation, Unterbrechung, "Adressierung" und Indizierung, Ein- und Ausgabe und Parallelprogrammierung hat. Die Arbeit gibt keinen neuen assoziativen Speicher an.

7.14 Das "Tag Memory" der Goodyear Aircraft Corporation

Die Goodyear Aircraft Corporation entwickelte 1963 einen assoziativen Speicher [34], der 32 000 zehnstellige Zahlen aufnehmen kann. Wortlängen bis 200 Bit sind möglich. Der Speicher arbeitet parallel. Als Speicherelemente dienen Mehrlochferritkerne, die zugleich die logische Verknüpfung "Antivalenz" leisten. Der Speicher arbeitet nicht rein assoziativ, sondern benutzt teilweise (intern) Adressen.

7.15 Der "inhaltsadressierbare Speicher mit verteilter Logik" nach Lee und Pauli

C. V. Lee und M. C. Pauli haben den Plan für einen Speicher vorgelegt, der folgende Besonderheiten aufweist:

a) Der Speicher besteht aus einer Kette von "Zellen"; diese sind soweit autark, daß die Kette beliebig um neue Zellen erweitert werden kann.

b) Der Speicher arbeitet nicht nach Adressen, sondern durch Vergleich aller Zelleninhalte gegen ein Assoziationssubjekt; Assoziationsgesetz ist die Vollidentität.

c) Texte haben beliebige Länge und erstrecken sich im allgemeinen über viele aufeinanderfolgende Zellen. Eine Zelle braucht nur ein einziges Zeichen zu enthalten, kann aber auch viel größer sein. Es gibt Textanfangszeichen und -endzeichen.

Die Zellen stellen sehr aufwendige Bauelemente dar. Sie sind über Informations- und Steuerleitungen alle parallel geschaltet. Jede Zelle hat außerdem besondere Verbindungen zu ihren beiden Nachbarzellen. Die Zellen speichern nicht nur ein Symbol (eigentliche Speicherinformation), sondern auch Marken, die ihren Zustand genauer kennzeichnen. Die Elementaroperationen in diesen Zellen sind das Setzen und Löschen und Transportieren (links, rechts) der Marken, z.B. abhängig vom gespeicherten Symbol; ferner Lesen und Schreiben, abhängig von den Marken. Eine Zelle kann immer nur durch ihren Inhalt, durch ihre Marke bzw. indirekt auch durch Inhalt oder Marken der Nachbarzellen spezifiziert werden. Aus den angedeuteten Mikrooperationen lassen sich Speicherbefehle aufbauen, die alle Assoziationsprobleme bei Teilidentität zu lösen gestatten. Es können also Texte durch beliebige Symbole identifiziert werden; um den ganzen Text auszugeben, fragt sich der Speicher zunächst rückwärts bis zur Textanfangsmarke durch. Das Schreiben geschieht jeweils am Ende der Textkette. Ist das Speicherende erreicht, so kann die Textkette ggf. komprimiert werden. Ein- und Ausgabe am Speicher geschieht zellenweise in Serie.

Der Entwurf ist - vor allem bei großen Speichern - weit aufwendiger als jede bekannte andere Speicherorganisation.

8. Ein neuer assoziativer Speicher

8.1 Besondere Aufgabenstellung: Flugsicherung

Es war schon im Vorwort angedeutet worden, daß das Problem der Automatisierung der Flugsicherung besonders lohnende Anwendungen für assoziative Speicher bietet. Zur Lösung der Flugsicherungsaufgabe muß ein Verkehrsmodell entworfen und in einem Speicher auf dem letzten Stand gehalten werden [1-6]. Ohne dieses Modell kann nicht beurteilt werden, wie eine neu kommende Arbeit zu werten ist.

Von allen Linien-Flügen werden Flugpläne angelegt. Sie enthalten eine Beschreibung des voraussichtlichen Flugverlaufs. Und zwar wird für einzelne Punkte des Flugweges voraussichtliche Überflugzeit und Höhe notiert. Jedes Überflugereignis liefert einen Text. Es besteht dann ein Kollektiv von Texten $\mathcal{A}$, die jeweils folgenden Bau haben

$$\mathcal{A} \cong F/t_{nl} P_{nl} H_{nl} /k/t_{nr} P_{nr} H_{nr} .$$

Darin sind:
F die Nummer eines Fluges (10 Bits)
t Zeitangaben (10 Bits)
P Meldepunkte (9 Bits)
H Flughöhen (6 Bits)
k Kontrollbit (1 Bit).

Insgesamt hat der Text t eine Länge von 61 Bit. Das Flugzeug F fliegt geradlinig vom Tripel (t_{nl}, P_{nl}, H_{nl}) zum Tripel (t_{nr}, P_{nr}, H_{nr}). Für jedes Tripel wird ein derartiger Text, der auch das nächste Tripel enthält, gebildet. Das Kollektiv der Texte aller in Planung bzw. Ausführung begriffener Flüge bildet die Gesamtunterlagen für diese Flugsicherungsaufgabe. An dem Kollektiv sind folgende Aufgaben zu lösen (vgl. Vorwort):

a) Es müssen neue Flugpläne (d.h. neue Texte gleicher Flugnummer F) aufgenommen werden.

b) Es müssen (z.B. bereits durchgeführte oder aufgegebene) Flüge gelöscht werden.

c) Einzelne Texte müssen geändert werden, wenn der Luftverkehr anders als geplant abläuft.

d) Einzelne Texte müssen mit den Standortmeldungen der Piloten verglichen werden. Daran schließt sich bei größeren Abweichungen (z.B. Soll- und Istzeit) die Aufgabe c.

e) Die Abgabe der Meldungen muß dauernd kontrolliert werden. Dazu wird jeder Text von einem zusätzlichen Kontrollbit k begleitet, das angibt, ob die zugehörige Pilotenmeldung schon abgegeben ist. Es müssen laufend alle Texte auf Zeit und Bestätigungsbit abgefragt werden, um die ausbleibenden Meldungen schnell zu erkennen (Überfälligkeitsprüfung).

f) Wenn ein neuer Flugplan (dargestellt als eine Gruppe von Texten gleicher Flugnummern F) angeboten wird, muß er mit dem Kollektiv bezüglich der Kollisionsmöglichkeiten verglichen werden. Dazu dienen folgende Kriterien (vgl. [1, 5]):
Es sei der neue Flugplan durch den Index i gekennzeichnet, die Kollektivtexte durch den Index n. Kollision im Sinne der Flugsicherungsregeln kann eintreten, wenn

α) Kollision am Meldepunkt

$(P_{il} = P_{nl}) \wedge (H_{nl} = H_{il}) \wedge (t_{il} - 10 < t_{nl}) \wedge (t_{il} + 10 > t_{nl}) = L$

ist (die Klammern seien L, wenn die in ihnen formulierte arithmetische Bedingung erfüllt ist), und/oder

β) Mitverkehr gleicher Höhe

$(P_{nl} = P_{il}) \wedge (P_{nr} = P_{ir}) \wedge (H_{nl} = H_{il}) \wedge (H_{nr} = H_{ir})$

$\wedge [\{(t_{il} - 10 < t_{nl}) \wedge (t_{ir} + 10 > t_{nr})\} \vee \{(t_{il} + 10 > t_{nl})$

$\wedge (t_{ir} - 10 < t_{nr})\}] = L$, und/oder

γ) Mitverkehr, Höhenkreuzung

$(P_{nl} = P_{il}) \wedge (P_{nr} = P_{ir}) \wedge [\{(H_{il} > H_{nl}) \wedge (\overline{H_{ir} > H_{nr}})\} \vee$

$\{(\overline{H_{il} > H_{nl}}) \wedge (H_{ir} > H_{nr})\}] \wedge [\{(t_{il} - 10 < t_{nl}) \wedge (t_{ir} + 10 > t_{nr})\}$

$\vee \{(t_{il} + 10 > t_{nl}) \wedge (t_{ir} - 10 < t_{nr})\}] = L$, und/oder

δ) Gegenverkehr gleicher Höhe

$(P_{nr} = P_{il}) \wedge (P_{nl} = P_{ir}) \wedge (H_{nr} = H_{il}) \wedge (H_{nl} = H_{ir})$

$\wedge [\{(t_{il} - 10 < t_{nr}) \wedge (t_{ir} + 10 > t_{nl})\} \vee \{(t_{il} + 10 > t_{nr})$

$\wedge (t_{ir} - 10 < t_{nl})\}] = L$, und/oder

ε) Gegenverkehr, Höhenkreuzung

$(P_{nr} = P_{il}) \wedge (P_{nl} = P_{ir}) \wedge [\{(H_{il} > H_{nr}) \wedge (\overline{H_{ir} > H_{nl}})\} \vee \{(H_{il} > H_{nr})$

$\wedge (H_{ir} > H_{nl})\}] \wedge [\{(t_{il} - 10 < t_{nr}) \wedge (t_{ir} + 10 > t_{nl})\} \vee \{(t_{il} + 10 > t_{nr})$

$(t_{ir} - 10 < t_{nl})\}] = L$.

Man beachte, daß nur die Zeiten des neuen Fluges (i) um ± 10 variiert werden müssen.

Die Kollisionsprüfung ist bei starkem Verkehr sehr aufwendig [6, 42].

g) Es müssen Flugpläne ausgegeben werden können. Dazu sind alle Texte gleicher Flug-Nummer in der Flug-Reihenfolge geordnet auszuliefern. Man kann verabreden, daß der letzte Text eines Fluges für das r-Tripel nur Nullen enthält, dann nach diesem Text zuerst suchen und dergestalt rückwärts den Flugplan rekonstruieren oder den Anfangstext markieren.

h) Zur Luftlagedarstellung ist die Umgebung eines bestimmten Tripels (t, P, H) auszugeben. Dazu sind ähnliche Abfragen wie zur Kollisionsprüfung notwendig.

Wir beschränken uns beim Entwurf des Speichers auf 4096 Texte. Das erlaubt bei einer mittleren Zahl von sechs Texten je Flug ungefähr 680 Flüge in der Planung zu führen.

8.2 Systemeigenschaften

8.2.1 Grundideen beim Entwurf

a) Die in 8.1 formulierte Flugsicherungsaufgabe läßt sich mit keinem bisher bekanntgewordenen assoziativen Speicher lösen, da diese nicht die Möglichkeit besitzen, einen Größenvergleich in sich durchzuführen oder z.B. disjunktiv formulierte Assoziationsgesetze zu verwirklichen (vgl. in 8.1). Für die Flugsicherungsaufgabe muß daher ein logisch anspruchsvollerer, mithin flexiblerer Speicher erdacht werden.

b) Der Speicher soll mit konventionellen Bauelementen erbaut werden; er kann dann einfacher mit vorhandenen Rechnern zusammenarbeiten. Der Betrieb eines Supraleitungsspeichers erscheint speziell für die Flugsicherung zunächst aus wirtschaftlichen und sicherheitstechnischen Gründen bei den kleinen Einheiten nicht zu rechtfertigen.

c) Ein logisch komplexer Speicher kann die einzelnen Schritte langsamer erledigen als ein logisch einfacher, ohne weniger leistungsfähig zu sein.

d) Daher wird ein Kernspeicher im Parallel-Serien-Betrieb mit konventioneller Verdrahtung, einem Kern je Bit und zerstörendem Auslesen vorgeschlagen. Beim Assoziieren wird also für jede befragte Stelle ein "Speicherzyklus" (Lesen - Regenerieren) durchlaufen wie bei konventionellen Speichern für jedes Wort. Bei diesem Betrieb lassen sich Größenvergleiche einfach durchführen.

e) Um größtmögliche logische Flexibilität zu sichern, werden alle Speicherbefehle als Mikroprogramme organisiert. Der Befehlsvorrat läßt sich für spezielle Aufgaben leicht erweitern.

8.2.2 Aufbau des Systems im Grundsätzlichen

Bild 14 zeigt den grundsätzlichen Aufbau des vorgeschlagenen Speichers. Der Speicher übernimmt die Texte (Masken), die Assoziationssubjekt und Assoziationsgesetz angeben, in die Stellenschaltungen. Entsprechend einer Wortlänge von 64 Bit sind 64 derartige Schaltungen vorhanden. Bis auf die letzten drei, die zu drei besonders ausgezeichneten Stellen des Speichers gehören, sind alle Stellenschaltungen gleich. Von ihnen aus werden neue Texte in den Speicher geschrieben und assoziierte aus dem Speicher verstärkt, zwischengespeichert und nach außen abgegeben. Eine Schiebekette steuert den zeitlichen Ablauf im Parallel-Serienbetrieb für den Speicher.

Der Speicherblock besteht aus 64 Matrizen zu 64 x 64 Kernen. Die Texte sind (nach Bild 14) horizontal gespeichert. Jeder Text ist von einer Wortleitung durchlaufen, die sich durch den Identifizierungszuordner bis zu der zugehörigen Wortschaltung fortpflanzt. Durch jede Stelle laufen Stellenleitungen. Eine weitere Leitung durchläuft sämtliche Kerne des Kernspeichers hintereinander. Wenn man Matrizen parallel zur Bildebene wählt, kann man also mit der üblichen x-y-Verdrahtung auskommen. Der übliche Lesedraht wird nicht benötigt.

An den eigentlichen Speicher schließt sich ein "Festspeicher" an. Er ist so aufgebaut, daß jede Wortleitung, die von Strom durchflossen wird, an seinen 12 Ausgangsleitungen eine andere Binärkombination abgibt. Er ist ein Kreuzschienenwerk mit weichmagnetischen Kopplungsgliedern. Der zugehörige Identifizierer dient dazu, bei Mehrfachassoziationen genau eine Wortschaltung auszuwählen, die dann den ihr zugehörigen Text ausliefern kann.

Die 64 x 64 Wortschaltungen enthalten Leseverstärker, drei Zwischenspeicher und bipolare Treiber. Sie sind wegen ihrer Anzahl der aufwendigste Teil des Systems (vgl. 8.6). Eine ihnen angehängte Schwellenschaltung kann angeben, ob kein, ein oder mehrere Assoziationsobjekte vorhanden sind. Diese Signale müssen als Kennzeichen dem steuernden Werk gegeben werden.

8.2.3 Bezeichnungen

a) Stellenschaltungen
   x Register für Assoziationssubjekt
   m1 Register für Maske 1
   m2 Register für Maske 2

b) Speicher
   a Hilfsstelle für Zwischenspeichern von Assoziationsergebnissen (Stelle 64 jedes Textes).
   b Hilfsstelle für Zwischenspeichern von Assoziationsergebnissen (Stelle 63 jedes Textes).
   g Hilfsstelle zur Bezeichnung ungültiger Texte (d.h. gelöschter etc.) (Stelle 62 jedes Textes); es bedeutet
      g = 0 ungültig; g = L gültig (assoziierbar).

c) Wortschaltungen
   A Assoziationsbit. Es bedeutet A = L (am Ende eines Suchprozesses) "assoziiert"; A = 0 "nicht assoziiert".

d) Schwellenschaltung mit Kennzeichen:
   0 A Obj. Kein Assoziationsobjekt vorhanden.
   1 A Obj. Ein Assoziationsobjekt vorhanden.
   M A Obj. Mehrere Assoziationsobjekte vorhanden.

e) In einem übergeordneten Rechner
   n Speicheradresse (indizierbar).

8.2.4 Konventionen über das Assoziationsgesetz

Das Assoziationsgesetz wird stellenweise durch den Inhalt von m1 und m2 festgelegt. Es bedeutet in jeder Stelle

m1	m2	
0	0	gleichgültig
0	L	identisch
L	0	Assoziationssubjekt größer als Assoziationsobjekt
L	L	Assoziationssubjekt kleiner als Assoziationsobjekt

Bei den Größenvergleichen werden konsekutive Bits mit m1 = L als eine Zahl behandelt. Sollen zwei Zahlen im Text auf Größe verglichen werden, so sind sie durch wenigstens eine Stelle mit m1 = 0 zu trennen oder das Assoziieren ist in mehreren Schritten unter Verwendung der Hilfsstellen a oder b zu erledigen. Der Größenvergleichsalgorithmus ist für Dualzahlen entworfen; jedoch gelten dieselben Größenvergleichskriterien wie für Dualzahlen auch für die meisten binären Dezimaldarstellungen.

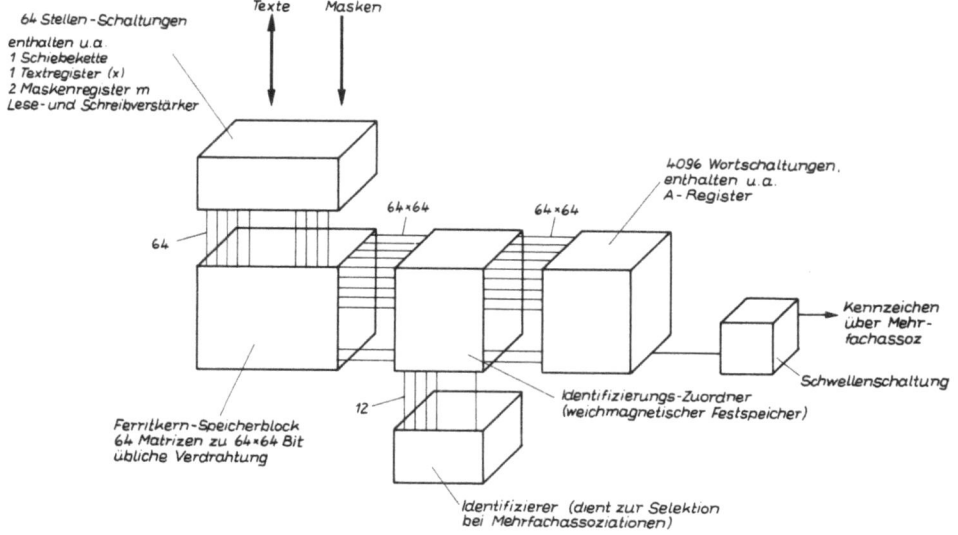

Bild 14
Grundsätzlicher Aufbau des vorgeschlagenen Speichers

8.2.5 Befehle

a) Transporte
   Tnx   ⟨n⟩ ⇒ ⟨x⟩
   Tnm1   ⟨n⟩ ⇒ ⟨m1⟩
   Tnm2   ⟨n⟩ ⇒ ⟨m2⟩
   Txn   ⟨x⟩ ⇒ ⟨n⟩

b) Sprünge
   COn   n = ⟨Befehlszähler⟩, falls O A Obj.

c) Assoziationsbefehle
   AS   Assoziiere. Alle A werden eins gesetzt. Entsprechend x, m1, m2 wird von links stellenweise der Speicher durchgeprüft. Jede Abweichung vom erlaubten Wert setzt das dem Wort gehörende A auf Null. Es wird dabei g = L verlangt. Der Prozeß endet in der 64. Stelle oder sobald 0 A Obj. gemeldet wird.

   ASE Assoziiere einschränkend. Wie AS, aber es werden nicht zu Anfang alle A eins gesetzt. Der Befehl AE kann bei schon eingestellten A eine Untermenge ausheben, indem die Assoziationsbedingung nachträglich verschärft wird.

   V   Vereinzele. Alle A werden bis auf eines gelöscht. Im Falle 0 A Obj. bricht der Befehl sofort ab.

d) Schreibbefehle
   STU Schreibe Text auf ungültigen Text. Ist kein Wert g = 0 vorhanden, so wird der Befehl sofort mit "0 A Obj." abgebrochen. Sonst wird ein Text mit g = 0 ausgewählt und dieser Text durch den in X stehenden ausgewechselt. Der eingesetzte Text erhält g = L (gültig).

   SS   Schreibe Stellen. In allen Texten, die durch A = L bezeichnet sind, wird, falls in einer Stelle (x)(m1) = L ist, eine L, falls ($\bar{x}$)(m1) = L ist, eine 0 in diese Stelle eingesetzt. Die Stellen mit m1 = 0 bleiben ungeändert. Im Falle 0 A Obj. bricht der Befehl sofort ab.

   LaA Übertrage alle Einsen aus der a-Stelle in die A-Register.

   LAa Übertrage alle Einsen aus den A-Registern in die a-Stellen.

   LAb Übertrage alle Einsen aus den A-Registern in die b-Stellen.

   LAaO Schreibe Null in die Stelle a (64) aller Texte, für die A = L ist.

   Oa   Lösche a-Matrix.
   Ob   Lösche b-Matrix.

e) Lesebefehl
   LU   Lies zerstörend alle Texte, für die A = L ist und mache sie ungültig. Das x-Register enthält nach der Operation die stellenweise Disjunktion aller gelesenen Texte.

8.2.6 Lösung der Assoziationsprobleme

Mit den Befehlen, die definiert worden sind, soll nun gezeigt werden, wie die in vier gestellten Assoziationsprobleme gelöst werden können. Dabei werden die Probleme erster, dritter und vierter Art im Speicher allein gelöst. Die Mitwirkung anderer Systeme beschränkt sich auf Transporte von und zum Speicher und auf die Befehlswerkoperationen. Dagegen muß zur Lösung des Problems zweiter Art ein externes zählendes Register zu Hilfe genommen werden.

Die Einzelbefehle der notierten Programme lassen sich natürlich zu Komplexbefehlen zusammenfassen. Insbesondere kann man auch die Masken, die bei der folgenden Lösung durchweg dem Hauptspeicher entnommen werden, mit Pseudoadressen im assoziativen Speicher aufbewahren und dann die Transporthäufigkeit zwischen Adreß- und Assoziativspeicher sehr einschränken.

Schließlich ist in den vorliegenden Beispielen angenommen worden, daß das Assoziationsgesetz einfach genug ist, um in einem Durchlauf geprüft zu werden, d.h. daß es eine konjunktive Form ist, deren "Faktoren" Teilidentitäten und Größenvergleiche sind, wobei jeder Teil der Texte nur einmal geprüft wird. Später wird anläßlich der Behandlung der Flugsicherungsaufgabe gezeigt werden, daß auch andere Assoziationsgesetze prüfbar sind.

a) Problem erster Art (gibt es wenigstens ein Assoziationsobjekt?) Flußdiagramm:

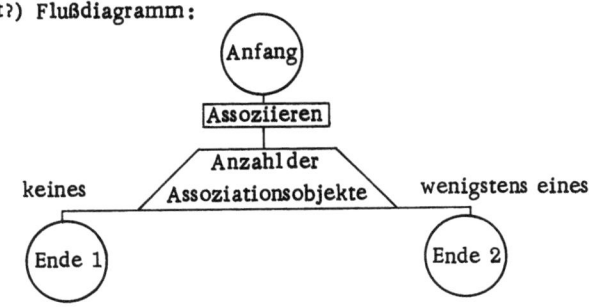

Programm: Speicherplan:
T(n1)x   CO1   n1 Assoziationssubjekt
T(n2)m1   Ende 2   n2 Maske 1 (vgl. 8.2.4)
T(n3)m2   1 = Ende 1 n3 Maske 2
AS

b) Problem zweiter Art (wie viele Assoziationsobjekte gibt es?) Flußdiagramm:

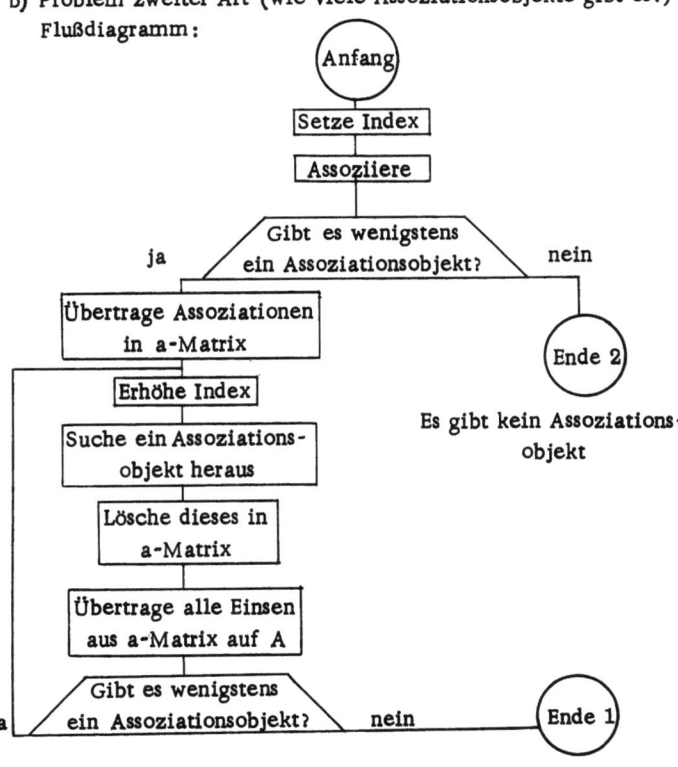

Es gibt kein Assoziationsobjekt

Alle Assoziationsobjekte sind gezählt. Ergebnis im Indexregister.

Programm: Speicherplan: Flußdiagramm:

(Bringe 0 in Indexregister)   n1 Assoziationssubjekt
T(n1)x   n2 Maske 1
T(n2)m1   n3 Maske 2
T(n3)m2
AS
CO (Ende 2)
Oa
LAa
1 = (Erhöhe Index um 1)
V
LAaO
LaA
CO (Ende 1)
Springe auf 1

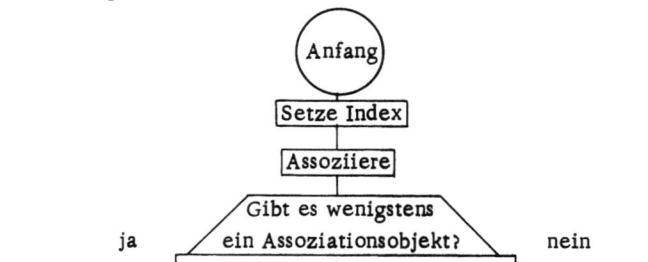

c) Problem dritter Art (gib ein Assoziationsobjekt aus!)
   Flußdiagramm:

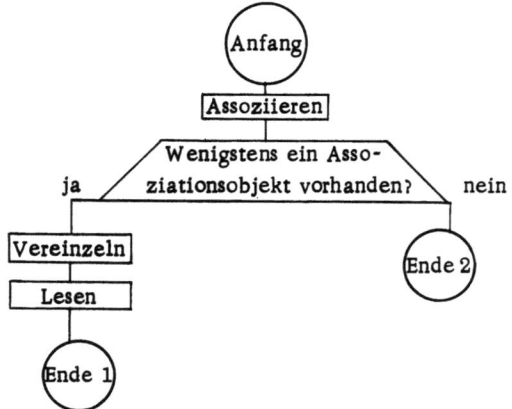

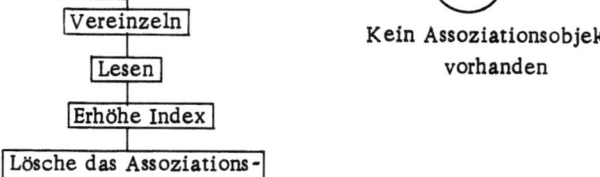

Programm:

T(n1)x
T(n2)m1
T(n3)m2
AS
CO (Ende 2)
V
LU
(STU)
Ende 1

Die Operation STU bleibt weg, wenn der gelesene Text zerstört bleiben darf.

Speicherplan:

n1 Assoziationssubjekt
n2 Maske 1
n3 Maske 2

d) Problem vierter Art (gib alle Assoziationsobjekte aus!)
   Die Assoziationsobjekte sollen von n4 an fortlaufend gespeichert werden.

Programm: Speicherplan:

(Setze Index)   n1 Assoziationssubjekt
T(n1)x   n2 Maske 1
T(n2)m1   n3 Maske 2
T(n3)m2   n4 ff Assoziationsobjekte
AS
CO (Ende 1)
Oa
LAa
1=V
LU
Tx(n4i) (n4i = n4 + Index)
(Erhöhe Index)
(STU)
LAaO
LaA
CO (Ende 2)
(Springe auf 1)

Wie beim Problem dritter Art bleibt STU weg, wenn die entnommenen Texte gelöscht bleiben dürfen.

8.2.7 Lösung der Nebenaufgaben

a) Assoziatives Löschen

Programm: Speicherplan:

T(n1)x   n1 Assoziationssubjekt
T(n2)m1   n2 Maske 1
T(n3)m2   n3 Maske 2
AS
LU

b) Schreiben ist Befehl STU
(Schreibe Text auf ungültigen Text!). Durch den Sprung CO kann gefragt werden, ob überhaupt ein ungültiger Text vorhanden war, d.h. ob der Text geschrieben worden ist.

8.3 Bauteile und Mikrooperationen

8.3.1 Bausteine und Takt

Sofern nicht besonders erklärt, werden getaktete Flipflops und logische Verknüpfungen in disjunktiver Normalform vorausgesetzt. Die Taktfrequenz betrage 2 MHz.

8.3.2 Kernspeicher

Der Kernspeicher (Bild 15) besteht aus 64 Matrizen üblicher Bauart mit doppelten x- und y-Leitungen (wie für unipolare Treiber, aber ohne den üblichen Lesedraht). Jede Matrix enthält auf ihren 64 x-Leitungen 64 ganze Wörter.

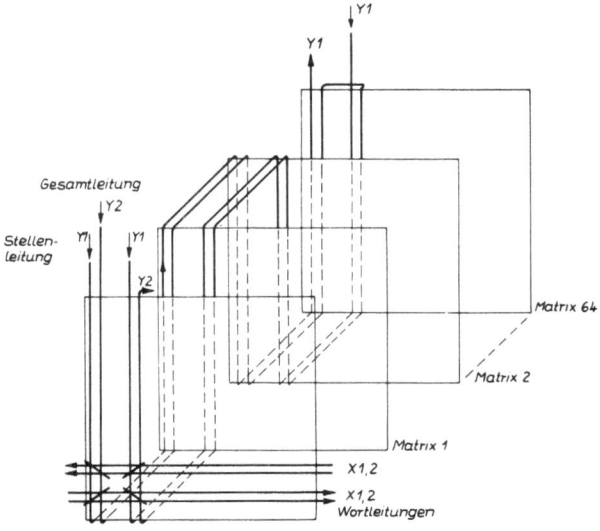

Bild 15
Verdrahtung eines Kernspeichers

Die doppelten x-Leitungen dienen für positive und negative Treiberimpulse aus den Wortschaltungen. Durch die Aufteilung auf zwei Leitungen sollen die Wortschaltungen möglichst einfach werden. Zugleich werden diese Leitungen als Leseleitungen für die Wortschaltungen verwendet. Die Wortschaltungen werden abwechselnd links und rechts vom Wortende angebracht, so daß die Treiberströme in benachbarten Matrizen antiparallel verlaufen.

Von den doppelten y-Leitungen ist eine den Stellenschaltungen zugeordnet. Sie wird für die Stellentreiber und die Stellenleseverstärker verwendet. Sie werden wie gezeichnet von Matrix zu Matrix verbunden.

Die andere y-Leitung ist in Serie, aber gleichsinnig wie die erste, durch alle Stellen verbunden. Das wird dadurch erleichtert, daß die ersten y-Leitungen benachbarter Stellen gegensinnig verlaufen. Diese zweite Leitung übernimmt bei gewissen Operationen eine Vormagnetisierung des ganzen Speichers zur halben Ummagnetisierungsfeldstärke (Mikrooperationen ksp. O und ksp. L). Bei der angegebenen Verdrahtung wird keine Kompensation der Signale halb ausgewählter Kerne beim Lesen erzielt. Jedoch wird man dann die Gesamtdurchflutung (ksp. O, ksp. L) zeitlich länger aufbieten als die Einzelkernauswahl. Da jeder Kern beim Lesen durch genau eine Leitung bestimmt ist, ist das Problem der halb ausgewählten Kerne weniger bedeutend als bei konventionellen Speichern.

Es ist angenommen, daß Kerne mit 1,3 mm Außendurchmesser verwendet werden. Dann beträgt der halbe Ummagnetisierungsstrom 250 mA, die Schaltzeit 0,9 µs und die notwendige Impulsdauer 2 µs. (Z.B. Valvo Typ K 5 281 45). Da diese Zeit viermal so lang ist wie die gewöhnliche Taktzeit der 2MHz-Schaltungen, unterdrücken alle Treibermikrooperationen (d.h. ksp. O, ksp. L, sL, sO, srO, srL, 62.L, 63 L, 64.L, 64.O, 63.O, wrO, wrL, wO, wL) drei Taktimpulse für die logischen Schaltungen der Speicherperipherie. Es wird nur in Koinzidenz geschaltet, d.h. die Treiberströme betragen $\pm$ 250 mA (vgl. aber 8.6).

8.3.3 Stellenschaltungen

Jeder Stelle (1...64) ist eine Stellenschaltung zugeordnet. Sie besteht aus einem Leseverstärker, einem Treiber für positive und negative Impulse und vier Registerstellen für eine Schiebekette (sk), das Register für das Assoziationssubjekt (x), das Register für die Maske 1 (m 1) und das Register für die Maske 2 (m 2). In Bild 16 sind alle Funktionen eingezeichnet. Solche Teile, die nur in einigen Stellen vorkommen, sind gestrichelt angegeben.
Folgende Mikrooperationen betreffen die Stellenschaltungen:

Schiebekette:
(sks)   Schiebekette schieben. Die Schiebekette enthält i.a. höchstens eine Eins. Mit sks wird sie um eine Stelle nach rechts verschoben. Von links rücken Nullen nach.
(Lsk 1) Setze eine Eins in die Stelle 1 der Schiebekette. Im allgemeinen wird die Schiebekette mit dieser Operation in Betrieb genommen.
(Lsk 64) Setze eine Eins in die Stelle 64 der Schiebekette.
(Osk)   Lösche die Schiebekette.

x-Register:
(Lx 62) Setze Eins in x, 62. Stelle.
(Lx 64) Setze Eins in x, 64. Stelle.
(Ox)   Lösche das x-Register.
(m1sk) Setze m1 in sk ein.

m1-Register:
(Om 1.62) Setze Null in m1, 62. Stelle.
(Om 1.64) Setze Null in m1, 64. Stelle.

m 2-Register:
(Lm 2.62) Setze Eins in m2, 62. Stelle.

Leseverstärker:
(sl)   Transportiere gleichgerichtetes Signal in x Register, Eins-Eingang.

Treiber:
        Alle Schreiboperationen ergeben nur Halbströme.
(sL)   Schreibe L, falls x = L und sk = L.
(sO)   Schreibe O, falls x = O und sk = L.
(srL)   Schreibe L, falls sk = L (Regenerieren).

(srO)   Schreibe O, falls sk = L (Regenerieren).
(63.L) Schreibe L auf Stelle 63.
(64.L) Schreibe L auf Stelle 64.
(62.O) Schreibe O auf Stelle 62.
(63.O) Schreibe O auf Stelle 63.
(64.O) Schreibe O auf Stelle 64.

Dazu kommen Mikrooperationen für die Transportbefehle nach und von außen.

Ferner geben die Stellenschaltungen folgende Kennzeichen ab, die ggf. über alle Stellen disjunktiv vereinigt werden und das Mikroprogramm steuern:

x   (sk) & x = L
x̄   (sk) & x̄ = L
m1   (sk) & (m1) = L
m̄1   (sk) & (m̄1) = L
m2   (sk) & (m2) = L
m̄2   (sk) & (m̄2) = L .

Diese Kennzeichen zeigen dem Mikroprogramm x, m1 und m2 der jeweils aktuellen Stelle (sk = L) an.

sk64   Schiebekette, 64. Stelle, Eins-Ausgang
s̄k64   Schiebekette, 64. Stelle, Null-Ausgang.

gewertet werden. Diese erste Verschiedenheit löscht G, so daß im Rest des Feldes Bitverschiedenheiten keinen Einfluß mehr auf A nehmen können, da G erst wieder bei einer Identitätsuntersuchung oder auf gleichgültigen Stellen gesetzt wird.

Mikrooperationen:

Alle Schreiboperationen beziehen sich auf Halbströme.

(wl)   Wortschaltung lesen. Öffnet den Weg vom Leseverstärker zum R-Flipflop.
(wrO)   Wortschaltung schreibt O, sofern R = L ist (Regenerieren der Null).
(wrL)   Wortschaltung schreibt L, sofern R = L ist (Regenerieren der Eins).
(sg)   Setze G.
(sa)   Setze A.
(lab)   Lösche A bedingt (nämlich abhängig vom R und G).
(wO)   Wortschaltung schreibt O, falls A = L.
(wL)   Wortschaltung schreibt L, falls A = O.

Außerdem gibt die Wortschaltung das Kennzeichen A = L aus. Dieser A-Ausgang wird mit denen aller anderen A-Flipflops

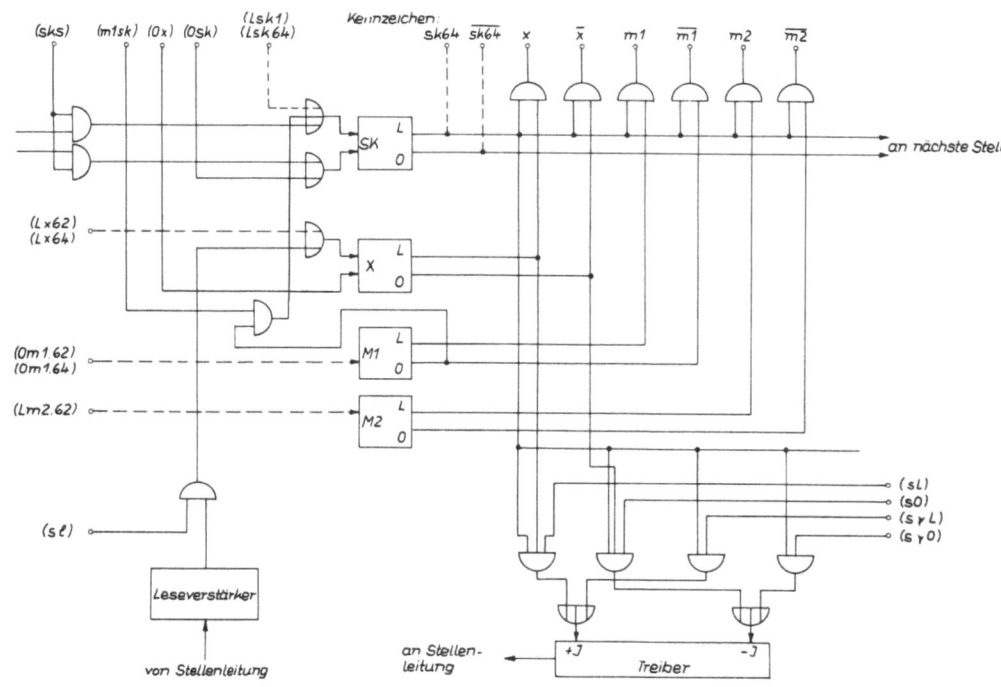

Bild 16
Stellenschaltung
Klammern bezeichnen Mikrooperationen

8.3.4 Wortschaltungen und Schwellenschaltung

Die 4096 Wortschaltungen entsprechen Bild 17.
Vorhanden ist ein Leseverstärker, der bipolar empfängt und verstärkt, aber gleichgerichtet ausgibt. Das Flipflop R ist monostabil und formt ein Signal aus der Leseverstärkerausgangsspannung. Das Flipflop G gestattet die Übernahme eines Signals von R nach A. A ist das Assoziationsflipflop. Vor dem Assoziieren wird A auf L gesetzt. Beim Durchprüfen des Speicherinhaltes führt jede Abweichung zwischen Assoziationssubjekt und -objekt zu einem Signal an R. Im allgemeinen führt das zur Löschung von A (d.h. es ist G = L). Wenn aber ein Größenvergleich durchgeführt wird (Befehle AS und ASE), so darf nur die erste Verschiedenheit in einem Bitfeld für A

vereinigt und einer Schwellenschaltung übermittelt, die zwei Ausgangssignale abgibt.

O A Obj. Alle A sind O, d.h. es ist kein Assoziationsobjekt vorhanden.
1 A Obj. Genau ein A ist L, d.h. es ist ein Assoziationsobjekt vorhanden.

Diese Kennzeichen werden in dem Sprungbefehl und in den Mikroprogrammen benutzt.

8.3.5 Identifizieren

Die Wortleitungen durchlaufen nicht nur den eigentlichen Arbeitsspeicher, sondern auch noch einen Identifizierungszuordner, in dem auf jeder Wortleitung genau 12 weichmagnetische

Koppelglieder sitzen. Es sind - ähnlich wie im Arbeitsspeicher - 12 Stellenschaltungen vorhanden. Zu jeder Stelle gehört ein Leitungspaar, das alle Wortdrähte kreuzt. Ein Stellendraht ist jeweils der L, der andere der O zugeordnet. Zu jedem Wortdraht und jedem Stellenpaardraht gehört ein Koppelglied. Sie sind so angeordnet, daß bei Durchströmung eines Wortdrahtes die Stellendrähte eine nur ihm eigentümliche Binärkombination angeben. Der Identifizierungszuordner führt also Adressen ein.

Zum Identifizierungszuordner gehören 12 Stellenschaltungen (Bild 18). Sie enthalten zwei sehr einfache Leseverstärker (nur unipolar, keine Amplitudenschwelle), ein monostabiles Flipflop BS, das das Zeichen "bs" (beide Signale) abgibt, ein Treiber (unipolar) und ein Schiebekettenflipflop SK. Die Identifizierstellenschaltung erlaubt die Durchführung eines Vereinzelungsalgorithmus ähnlich dem von Lewin (vgl. 7.3) und wird nur in den Befehlen STU und V benutzt.

8.4 Befehle und Mikroprogramme

8.4.1 Vorbemerkung

Es wird nun gezeigt, wie mit Hilfe der beschriebenen Mikrooperationen die definierten Befehle ausgeführt werden können. Die Mikroprogramme werden zunächst wie Mikroprogramme durch Strukturdiagramme dargestellt und danach als Verknüpfungsfolge notiert (vgl. z.B. [47]). Sie enden sämtlich mit einer Endemeldung (e) und sind in Gruppen auf Zeitschaltketten $t_1, \ldots, t_n$ zusammengefaßt.

In jedem Schritt muß ein neuer Zeitschritt aufgerufen werden. Dieser Zeitschritt, der erst nach dem nächsten Taktimpuls gültig ist, wird durch einen Apostroph bezeichnet; d.h.

$t4 \Rightarrow t5'$ bedeutet, daß $t4$ (unbedingt) $t5$ auslöst.

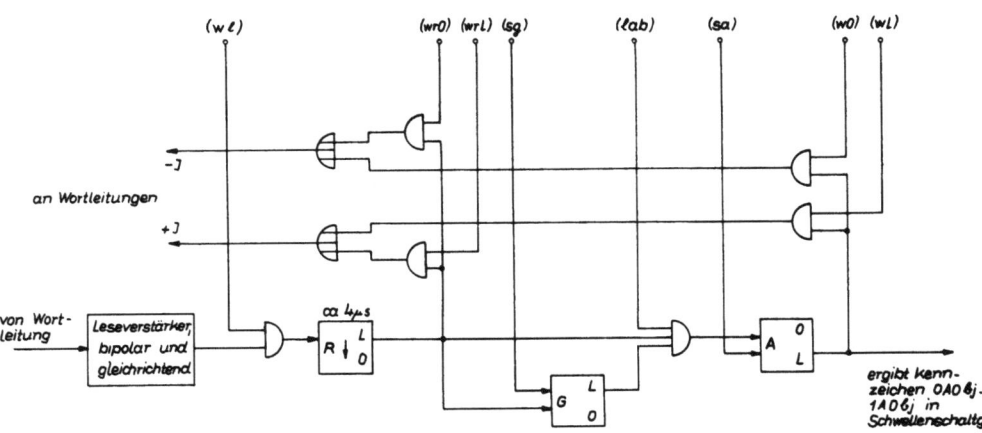

Bild 17
Wortschaltung
Klammern bezeichnen
Mikrooperationen

8.4.2 Die Befehle LU, LAaO, LAa, LAb

LU   Lies zerstörend alle Texte, für die A = L ist und mache sie ungültig. Das X-Register enthält nach der Operation die stellenweise Disjunktion aller ausgelesenen Texte.

LAaO   Schreibe Null in die Stelle a (64) aller Texte, für die A = L ist.

LAa   Übertrage alle Einsen aus den A-Registern in die a-Stellen (64).

LAb   Übertrage alle Einsen aus den A-Registern in die b-Stellen (63).

Da die Befehle sich im Ablauf ähneln, sind sie gemeinsam behandelt. Bild 19 zeigt das Flußdiagramm. Hinter jede Mikrooperation ist die Kurzbezeichnung in Klammern gesetzt. Operationen, die zugleich erledigt werden müssen, sind in ein Kästchen gesetzt. Neben den Kästchen steht die Zeit, die die Ausführung benötigt in Mikrosekunden.

Alle vier Befehle werden nur ausgeführt, wenn wenigstens ein Assoziationsobjekt vorhanden ist. Im Gegenfall, der allerdings nur beim Lesebefehl LU interessant ist, kann das Kennzeichen O A Obj. über den Befehl CO erkannt werden. Für den Ablauf von LU wird zunächst das X-Register gelöscht; dann werden alle L enthaltenden Kerne aller durch A = L markierten Wörter auf Null gesetzt. Dies geschieht in Koinzidenz zwischen einem negativen Halbstrom, den die Stellen-

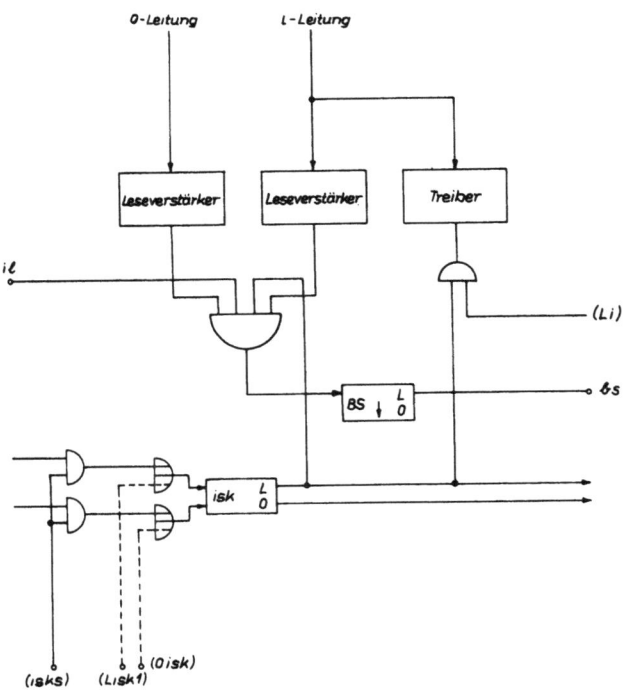

Bild 18
Stellenschaltung zum Identifizierer

leitungen liefern, und einem weiteren negativen Halbstrom, der den ganzen Speicher durchfließt. Dabei müssen die Leseverstärker der Stellenschaltungen geöffnet werden, damit sie die Signale der "kippenden" Kerne, also die Einsen, dem X-Register übermitteln. Sind mehrere Wörter durch A = L markiert, so überlagern sich deren Einsen disjunktiv im X-Register. Die gelesenen Wörter im Speicher enthalten nur noch Nullen, insbesondere auch in der Stelle 62; d.h. sie sind ungültig und können neu beschrieben werden. Der Befehl LAaO erzeugt ebenso Nullhalbstrom in allen Texten mit A = L und in Koinzidenz dazu einen Nullhalbstrom in der Stelle 64 (a-Stelle), so daß in alle Texte mit A = L Nullen in der 64. Stelle eingetragen werden. Entsprechend laufen die Befehle LAa und LAb ab, nur werden hier Einsen in die Stellen 64 und 63 geschrieben. Alle Befehle enden mit einer Fertigmeldung.

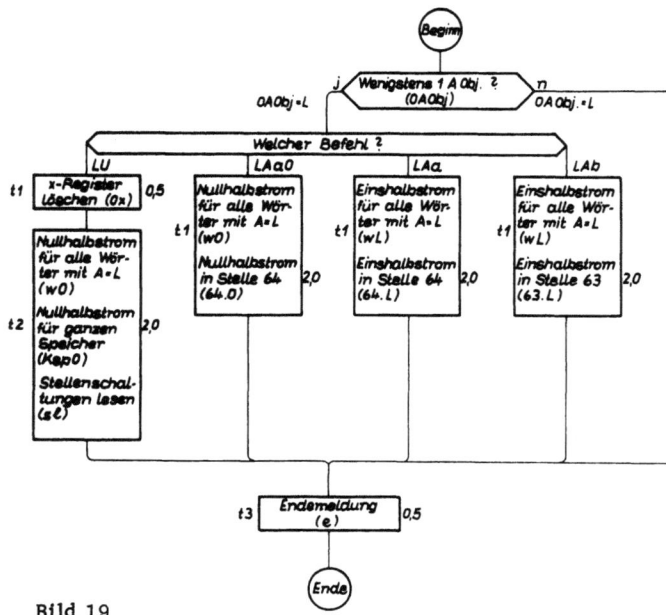

Bild 19
Mikroprogramme der Befehle LU, LAaO, LAa, LAb

Der Zeitbedarf der Befehle ist
LU $0,5 + 2,0 + 0,5 = 3,0\ \mu s$
LAaO
LAa $2,0 + 0,5 = 2,5\ \mu s$
LAb

Die Befehle werden im Mikroprogramm durch folgende Kennzeichen unterschieden:

	f1	f2
LU	O	O
LAaO	O	L
LAa	L	O
LAb	L	L

Verknüpfungsfolge der Mikroprogramme für LU, LAaO, LAa, LAb

t1 (O A Obj.) ⇒ e
t1 $\overline{(O\ A\ Obj.)}$ $\overline{f1} \cdot \overline{f2}$ ⇒ (Ox), t2'
t1 $\overline{(O\ A\ Obj.)}$ $\overline{f1} \cdot f2$ ⇒ (wO), (64.0), t3'
t1 $\overline{(O\ A\ Obj.)}$ f1 $\cdot \overline{f2}$ ⇒ (wL), (64.L), t3'
t1 $\overline{(O\ A\ Obj.)}$ f1 $\cdot$ f2 ⇒ (wL), (63.L), t3'

t2 ⇒ (wO), (kspO), (sl), t3'

t3 ⇒ e

Im folgenden wird eine Stelle des Kernspeichers ummagnetisiert; und zwar derart, daß sich nur bei Antivalenz zwischen Assoziationssubjekt und -objekt ein Signal ergibt; d.h. für x = O werden alle Kerne auf Null gesetzt, für x = L auf Eins. Das Kippen der Kerne geschieht in Koinzidenz zwischen dem Stellenstrom und einem Gesamtstrom für den Speicher. Die etwaigen Signale werden in den Wortschaltungen empfangen, verstärkt und im R-(Regenerations)-Flipflop für ca. 4 µs gehalten. Diejenigen Wörter, die ein Signal geliefert haben, müssen nämlich in der jeweils aktuellen Stelle regeneriert werden. Dies geschieht in Koinzidenz zwischen den Wortleitungen (sofern R = L ist) und den Stellenleitungen. Alle Um-

8.4.3 Die Befehle AS, ASE, LaA, Oa, Ob

AS   Alle A werden eins gesetzt. Entsprechend x, m1, m2 wird von links stellenweise der Speicher durchgeprüft. Jede Abweichung vom erlaubten Wert setzt das dem Wort gehörende A auf Null. Es wird dabei g = L verlangt. Der Prozeß endet in der 64. Stelle oder sobald O A Obj. gemeldet wird.

ASE Wie AS, aber es werden nicht zu Anfang alle A eins gesetzt.

LaA Übertrage alle Einsen aus der a-Stelle in die A-Register.

Oa   Lösche a-Matrix (Stelle 64).

Ob   Lösche b-Matrix (Stelle 63).

Die Befehle werden auf einer Zeitschaltkette zusammengefaßt. Sie unterscheiden sich durch drei Merkflipflops, die durch den Befehl gesetzt werden:

f1	f2	f3	
O	O	O	AS
O	O	L	ASE
O	L	O	LaA
O	L	L	
L	O	O	
L	O	L	
L	L	O	Oa
L1	L	L	Ob

Bild 20 zeigt das Flußdiagramm. Der Befehl AS beginnt mit dem Setzen der A-Flipflops in den Wortschaltungen. Zugleich wird die Schiebekette gesetzt, alle G-Flipflops werden gesetzt und die 62. Stelle (Gültigkeitsstelle) wird vorbereitet, damit nur gültige Texte assoziiert werden. Danach verzweigt sich das Programm; m1 = 0 bedeutet, daß die zu behandelnde Stelle (durch Schiebekette markiert) gar nicht oder auf Identität zu prüfen ist. In diesem Falle werden die G-Flipflops (erneut) gesetzt. Ihre Bedeutung ist folgende: Jedes Signal, das aus dem Kernspeicher an die Wortschaltung geht, deutet auf eine Abweichung zwischen Assoziationssubjekt und -objekt hin. Beim Größenvergleich interessiert nun nur die erste Abweichung in jedem Bitfeld, das als eine Zahl aufgefaßt werden soll; die Zahl wird ja in Serie, beginnend mit der höchsten Stelle, geprüft; und für das Größenverhältnis ist das erste nicht identische Bit maßgebend. Daher muß zu Beginn jedes Größenvergleichs G = L gesetzt sein; von jeder Nichtidentität wird G zurückgesetzt. Solange m1 = 0 ist, d.h. auf Identität geprüft wird oder die Bits belanglos sind, wird G nach jedem Schritt vorsorglich wieder gesetzt; nicht aber beim Größenvergleich. Bei ihm bleibt G nur bis zur ersten Verschiedenheit stehen.

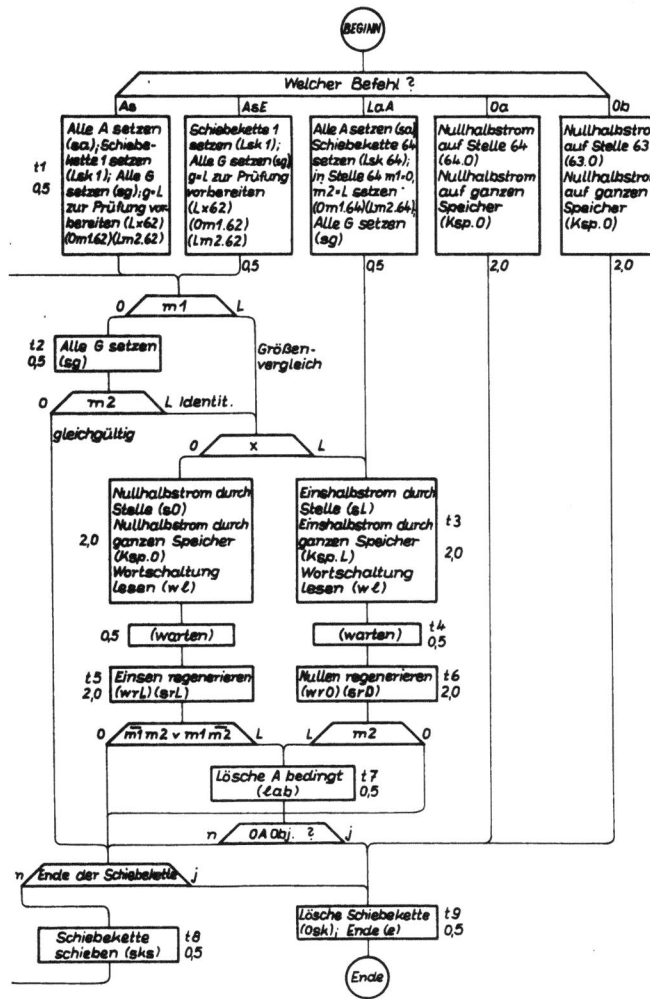

Bild 20
Mikroprogramme zu den Befehlen As, AsE, LaA, Oa, Ob
Neben den Kästchen die Ausführungszeiten in μsec

magnetisierungsvorgänge verlangen längere Impulse, als es der Taktfrequenz der Schaltungen entspricht; daher wird bei allen Ummagnetisierungsmikrooperationen der Takt aufgehalten, d.h. es werden die drei folgenden Taktimpulse unterdrückt, so daß sich bis zum nächsten Taktimpuls $2\,\mu s$ Frist ergibt. Um die Vorgänge im Speicher wieder abklingen zu lassen, ist zusätzlich eine Schutzzeit von $0,5\,\mu s$ zwischen den beiden Schaltoperationen vorgesehen.

Das gegebenenfalls von R übermittelte Signal, das auf eine Verschiedenheit in dem geprüften Bit hinweist, dient unter folgenden Umständen zur Löschung des A-Flipflops, das das Scheitern des Assoziierens bezeichnet:

a) Bei Prüfung auf Identität: Da $G = L$ ist, darf zusätzlich $G = L$ verlangt werden (bedeutungslos). Das heißt, die Bedingung für das Löschen von A heißt hier

$$\bar{a}' = \overline{m1} \,\&\, m2 \,\&\, g \,\&\, r$$

(g und r sind die Ausgangssignale von G und R).

b) Bei Prüfung auf Majorität: Nur falls $G = L$ ist (d.h. zuvor noch keine antivalente Stelle) und $x = 0$ (also Assoziationssubjekt kleiner); also

$$\bar{a}' = m1 \,\&\, \overline{m2} \,\&\, \bar{x} \,\&\, g \,\&\, r \;.$$

c) Bei Prüfung auf Minorität: Nur falls $G = L$ ist und $x = L$; d.h.

$$\bar{a}' = m1 \,\&\, m2 \,\&\, x \,\&\, g \,\&\, r \;.$$

Insgesamt ist also

$$\bar{a}' = g \,\&\, r \,\&\, (\overline{m1} \,\&\, m2 \vee m1 \,\&\, \overline{m2} \vee m1 \,\&\, m2 \,\&\, x) \;.$$

Der Klammerausdruck ist äquivalent zu

$$\bar{x} \,\&\, (\overline{m1} \,\&\, m2 \vee m1 \,\&\, \overline{m2}) \vee x \,\&\, m2 \;.$$

In dieser Form wird er für $x = L$ und $\bar{x} = L$ getrennt im Mikroprogramm geprüft und, falls er erfüllt ist, das Signal lab gegeben, für das

$$\bar{a}' = g \,\&\, r \,\&\, lab$$

in den Wortschaltungen gilt.

Wenn nach diesem Schritt kein Assoziationsobjekt mehr vorhanden ist (alle A = 0), bricht der Befehl ab. Sonst wird die Schiebekette um eine Stelle weitergeschoben, bis mit der 64. Stelle der Befehl auf jeden Fall endet. Falls eine Stelle nicht geprüft werden muß ($\overline{m1} \,\&\, \overline{m2} = L$), wird der zugehörige Lese- und Regenerationsprozeß übersprungen. Der Befehl endet mit dem Löschen der Schiebekette und der Endemeldung.

Der Befehl AsE unterscheidet sich vom Befehl AS nur durch das Fehlen der Mikrooperation sa im ersten Schritt.

Der Befehl LaA setzt alle A, bringt eine Eins in die Stelle 64 der Schiebekette, setzt m1 und m2 in dieser Stelle wie zur Identitätsprüfung und macht dann das Lesen der Stelle 64 und das Regenerieren wie die Befehle AS und ASE; nur wird sofort $x = L$ vorausgesetzt. Die Folge der beiden anderen Befehle wird wieder verlassen, und der Befehl LaA endet.

Die Befehle Oa und Ob löschen in Koinzidenz zwischen Stellenleitungen und Gesamtdurchflutung die Stellen 64 (a) und 63 (b) des Speichers.

Zeitbedarf:
Befehle AS und ASE: Erheblich von der m1 - m2 Konfiguration abhängig.
Beispiele: Ganzer Text von 64 Bit auf Identität: $384,5\,\mu s$.
20 Bit auf Identität, 20 Bit Größenvergleich, Rest gleichgültig: $250,5\,\mu s$.
Befehl LaA: $6,0\,\mu s$
Befehle Oa und Ob: $2,5\,\mu s$.

Es folgen die Mikroprogramme als Verknüpfungsfolge:

(t1) ($\overline{f1}$) ($\overline{f2}$) ($\overline{f3}$) ($\overline{m1}$) ⇒ (sa), (Lsk1), (Lx62), (Om1.62), (Lm2.62), t2'

(t1) ($\overline{f1}$) ($\overline{f2}$) ($\overline{f3}$) (m1) ⇒ (sa), (Lsk1), (sg), (Lx62), (Om1.62), (Lm2.62), t3'

(t1) ($\overline{f1}$) ($\overline{f2}$) (f3) ($\overline{m1}$) ⇒ (Lsk1), (Lx62), (Om1.62), (Lm2.62), t2'

(t1) ($\overline{f1}$) ($\overline{f2}$) (f3) (m1) ⇒ (Lsk1), (sg), (Lx62), (Om1.62), (Lm2.62), t3'

(t1) ($\overline{f1}$) (f2) ($\overline{f3}$) ⇒ (sa), (Lsk64), (Om1.64), (Lm2.64), (sg), t3'

(t1) (f1) (f2) ($\overline{f3}$) ⇒ (64.0), (ksp.0), t9'

(t1) (f1) (f2) (f3) ⇒ (63.0), (ksp.0), t9'

(t2) ($\overline{m2}$) ($\overline{sk64}$) ⇒ (sg), t8'

(t2) ($\overline{m2}$) (sk64) ⇒ (sg), t9'

(t2) (m2) ⇒ (sg), t3'

35

(t3) ($\overline{f2}$) $\overline{x}$	⇒ (s0), (ksp.0), (wl), t4'	
(t3) x	⇒ (sL), (ksp.L), (wl), t4'	
(t3) (f2)	⇒ (sL), (ksp.L), (wl), t4'	
(t4) ($\overline{f2}$) $\overline{x}$	⇒ t5'	
(t4) (f2)	⇒ t6'	
(t4) x	⇒ t6'	
(t5) (m1) (m2)	⇒ (wrL), (srL), t8'	
(t5) ($\overline{m1}$) ($\overline{m2}$)	⇒ (wrL), (srL), t8'	
(t5) (m1) ($\overline{m2}$)	⇒ (wrL), (srL), t7'	
(t5) ($\overline{m1}$) (m2)	⇒ (wrL), (srL), t7'	
(t6) (m2)	⇒ (wr0), (sr0), t7'	
(t6) ($\overline{m2}$)	⇒ (wr0), (sr0), t8'	
(t7) ($\overline{O\ A\ Obj.}$)	⇒ (lab), t8'	
(t7) (O A Obj.)	⇒ (lab), t9'	
(t8) ($\overline{m1}$)	⇒ (sks), t2'	
(t8) (m1)	⇒ (sks), t3'	
(t9)	⇒ (Osk), (e)	

Bild 21 zeigt die Mikroprogramme dieser drei Befehle. Für den Befehl STU müssen zunächst alle ungültigen Texte mit A = L bezeichnet werden. Dazu werden wie beim AS- oder ASE-Befehl die A- und G-Flipflops voreingestellt. Dann wird die Stelle gelöscht, so daß alle A fallen müssen, die zu gültigen Texten gehören. Der zugehörige Ablauf gleicht dem beim Assoziieren. Sodann wird gefragt, ob wenigstens ein A gesetzt geblieben ist. Die Identifizierungsschiebekette wird auf Stelle 1 gesetzt. Dann werden die Worttreiber aller Wörter mit A = L betätigt (wL). Ihre Signale werden entsprechend dem Aufbau des Identifizierungsfestspeichers überall da empfangen, wo die Wortleitung mit einer Stellenleitung magnetisch gekoppelt ist. In der Identifizierungsschaltung wird nachgeprüft, ob jeweils die 0- und die L-Leitung der Stelle ein Signal erhalten haben. Für diese durch die Schiebekette jeweils bezeichnete Stelle wird sodann dieses Signal als bs weitergegeben. Ergaben sowohl 0 als auch L ein Signal, so werden alle A, die Einsen geliefert haben, gelöscht. Dazu wird von dem der Identifiziererstellenschaltung zugeordneten Treiber ein Impuls abgegeben (Li), der in allen diesen Wort-

8.4.5 Die Befehle STU, SS und V

STU (Schreibe Text auf ungültigen Text)
Ist kein Text mit g = 0 vorhanden, so wird der Befehl sofort mit "O A Obj." abgebrochen. Sonst wird ein Text mit g = 0 ausgewählt und dieser Text durch den in x stehenden ausgewechselt. Der eingesetzte Text erhält g = L (gültig).

SS (Schreibe Stellen)
In allen Texten, die durch A = L bezeichnet sind, wird, falls in einer Stelle
x & m1 = L ist, eine L, falls
$\overline{x}$ & m1 = L ist, eine 0 in diese
Stelle eingesetzt.
Die Stellen mit m1 = 0 bleiben ungeändert. Im Falle O A Obj. bricht der Befehl sofort ab.

V (Vereinzele)
Alle A werden bis auf eines gelöscht. Im Falle
O A Obj. bricht der Befehl sofort ab.

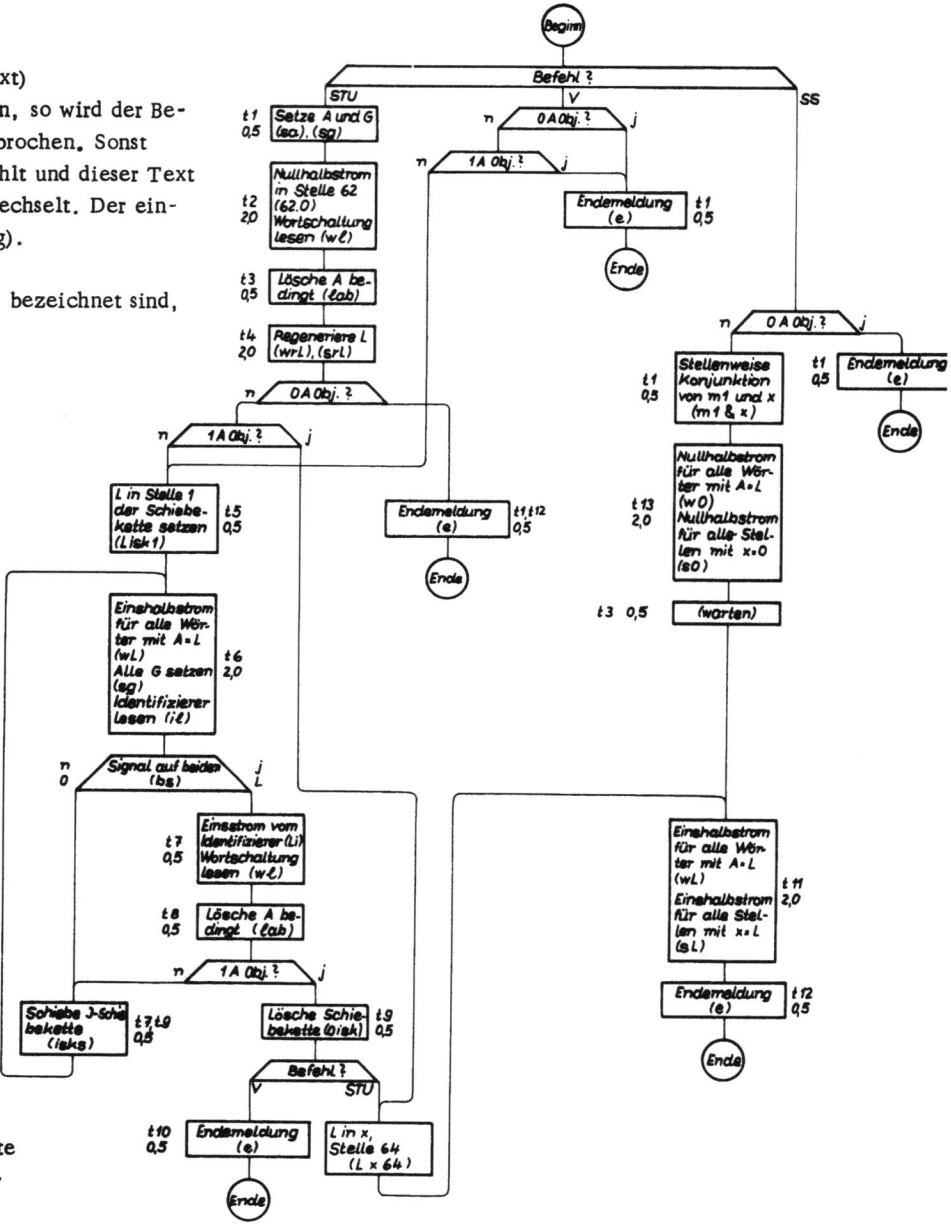

Bild 21
Mikroprogramme zu den Befehlen STU, V, SS. Neben den Kästchen die Schritte der Zeitschaltkette und die Ausführungsdauer

schaltungen empfangen wird und wegen (sg), (wl), (lab) die
A null setzt. War dagegen nur ein Signal aus der untersuchten
Stelle empfangen, so wird dieses Löschen übergangen. Anschließend wird gefragt, ob nur noch ein Assoziationsobjekt
vorhanden ist und in diesem Falle die Schiebekette gelöscht.
Es folgt dann das Setzen der Stelle 64 im X-Register, damit
der nun einzuschreibende Text die Gültigkeitsmarke erhält,
und dann werden Einsen in Koinzidenz zwischen Wortleitung
und allen Stellenleitungen, für die x = L ist, geschrieben.
Da ja ungültige Texte durch die Leseoperation LU entstehen,
und diese das ganze Wort löscht, brauchen die Nullen nicht
gesondert geschrieben zu werden. Darauf endet der Befehl.
Ergab sich aber, daß noch mehr als ein A-Flipflop gesetzt ist,
so muß der Vereinzelungsalgorithmus fortgesetzt werden, indem man zur nächsten Stelle des Identifizierers übergeht.

Der Befehl V bildet einen Teil des Gesamtablaufes von
STU . Und zwar wird nur der Vereinzelungszyklus durchlaufen.

Der Befehl SS beginnt mit der stellenweisen Konjunktion
m1sk. . Dann werden in Koinzidenz zwischen Wort- und
Stellenleitung alle Nullen eingetragen und danach alle Einsen.
Zwischendurch wird ein Takt abgewartet (Abklingvorgänge
im Kernspeicher). Dieser Befehl, der in den Programmbeispielen nicht benutzt wird, ist wahrscheinlich die wichtigste
Schreiboperation. In Verbindung mit V und AS kann er STU
ersetzen, außerdem mit passendem x und m1, LAaO, LAa,
LAb. Er gibt außerdem die Möglichkeit, zahlreiche Texte
simultan abzuändern.

Zeitbedarf:

STU	max.:	50,5 µs	(alle g = 0)
	min.:	8,0 µs	(ein g = 0)
V	max.:	42,5 µs	(alle A = L)
	min.:	0,5 µs	(ein A = L)
SS		5,5 µs	

Merkflipflops:

f1	f2	
0	0	STU
0	L	V
L	0	SS
L	L	

Mikroprogramm als Verknüpfungsfolge:

(t1) ($\overline{f1}$) ($\overline{f2}$) $\Rightarrow$ (sa), (sg), t2'
(t1) (f2) ($\overline{O A\ Obj.}$) ($\overline{1 A\ Obj.}$) $\Rightarrow$ (Lisk1), t6'
(t1) (f2) (O A Obj.) $\Rightarrow$ e
(t1) (f2) (1 A Obj.) $\Rightarrow$ e
(t1) (f1) (O A Obj.) $\Rightarrow$ e
(t1) (f1) ($\overline{O A\ Obj.}$) $\Rightarrow$ (m1sk), t13'
(t2) $\Rightarrow$ (62.0), (wl), t3'
(t3) ($\overline{f1}$) $\Rightarrow$ (lab), t4'
(t3) (f1) $\Rightarrow$ t11'
(t4) ($\overline{O A\ Obj.}$) ($\overline{1 A\ Obj.}$) $\Rightarrow$ (wrL), (srL), t5'
(t4) ($\overline{O A\ Obj.}$) (1 A Obj.) $\Rightarrow$ (wrL), (srL), t10'
(t4) (O A Obj.) $\Rightarrow$ (wrL), (srL), t12'
(t5) $\Rightarrow$ (Lisk1), t6'
(t6) $\Rightarrow$ (wL), (sg), (il), t7'
(t7) ($\overline{bs}$) $\Rightarrow$ (isks), t6'
(t7) (bs) $\Rightarrow$ (Li), (wl), t8'
(t8) $\Rightarrow$ (lab), t9'
(t9) ($\overline{1 A\ Obj.}$) $\Rightarrow$ (isks), t6'
(t9) (1 A Obj.) $\Rightarrow$ (Oisk), t10'
(t10) ($\overline{f2}$) $\Rightarrow$ (Lx64), t11'
(t10) (f2) $\Rightarrow$ e
(t11) $\Rightarrow$ (wL), (sL), t12'
(t12) $\Rightarrow$ e
(t13) $\Rightarrow$ (TwO), (sO), t3'

8.5 Lösung der Flugsicherungsaufgabe

Wie schon in 8.1 beschrieben, ergibt sich folgende Aufteilung der Texte im Speicher:

F (Bit 1...10)
t_{nl} (Bit 11...20)
P_{nl} (Bit 21...29)
H_{nl} (Bit 30...35)
k (Bit 36) (Kontrollbit)
t_{nr} (Bit 37...46)
P_{nl} (Bit 47...55)
H_{nl} (Bit 56...61)

weiter entsprechend dem Speicheraufbau:

g Gültigkeitsbit (Bit 62)
b Hilfsbit (Bit 63)
a Hilfsbit (Bit 64) .

Die Anordnung der Texte enthält keine Information. Entsprechend der Grundidee des Speichers kann immer ein neuer Text aufgenommen werden, wenn wenigstens ein ungültiger vorhanden ist. In den folgenden Programmen zur Bewältigung der Flugsicherungsgrundaufgaben wird der Fall, daß der Speicher voll ist und daher keinen neuen Flugplan mehr aufnehmen kann, nicht berücksichtigt. Er läßt sich jedoch in die Programme einbauen, wenn man auf jeden Befehl STU (Schreibe Text auf ungültigen Text) einen Befehl CO (Sprung, wenn kein Assoziationsobjekt) folgen läßt; nach STU prüft dieser Befehl nämlich nach, ob kein ungültiger Text vorhanden war. Die Sprungadresse muß dann in das Ausnahmeprogramm führen.

8.5.1 Neueingeben eines Flugplanes von f Texten, der in n...n + f - 1 gespeichert ist

Programm:

(Setze Index i null)
1 = T(n + i) x
STU
(Falls i = f - 1, Sprung auf Ende)
(Erhöhe Index)
(Sprung auf 1) .

8.5.2 Löschen eines Flugplanes mit der Nummer F

Programm: Speicherplan:

T(n1) x   n1 Bit 1...10: F, Rest gleichgültig
T(n2) m1   n1 Bit 1...64: Null
T(n3) m2   n2 Bit 1...10: Eins, Rest Null .
A
LU

8.5.3 Ändern eines Flugplanes, z.B. unter Beibehaltung von F, P, H, also Änderung nur der Zeiten

Gegeben ist ein Anfangspunkt durch sein F, P_{nl}, H_{nl}. Es wird ein Problem dritter Art gestellt und der Gesamttext ermittelt und im Kollektiv gelöscht. Er wird mit neuer Zeit wieder eingeschrieben. Aus den Daten P_{nr}, H_{nr} wird ein neues Tripel F, P_{nl}, H_{nl} gebildet und nach ihm wieder gefragt usf., bis alle Texte berichtigt sind.

8.5.4 Pilotenmeldung eintragen (Setzen des Kontrollbits)

Gegeben eine Meldung des Fluges F am Ort P in Höhe H. Das Tripel F, P, H ergibt F, P_{nl}, H_{nl} und wird zum Herausholen des zugehörigen Textes verwendet. In ihm wird das Bit k eingetragen, und die Zeit wird überprüft, ob sich nicht unzulässig große Abweichungen ergeben haben. Der Text wird wieder eingeschrieben.

8.5.5 Überfälligkeit

Zur Zeit τ wird nach noch nicht bestätigten Überflügen gefragt. Alle unbestätigten sollen dem Speicher entnommen werden: Problem vierter Art, dabei (vgl. 8.2.6d).
Speicherplan:

n1 (Assoziationssubjekt)
    Bit 11...20 τ
    Bit 36   O   (k), unbestätigt
    Bit 62   L   (g), gültig
    Rest gleichgültig
n2 Bit 11...20   L
    Rest   O
n3 Bit 36 und 62   L
    Rest   O

d.h. in dem zusammenhängenden Feld 11...20 soll das Assoziationssubjekt größer sein als das Assoziationsobjekt ($\tau > t_{nl}$), in den Bits 36 und 62 soll Identität sein (nur unbestätigte, gültige Überflüge). Der Rest ist ohne Bedeutung.

8.5.6 Kollisionsprüfung

Es empfiehlt sich, die fünf Kollisionsfälle anders zusammenzufassen. Es sei neu gegliedert:
Fall α: Meldepunkt
Fall β und γ: Mitverkehr
Fall δ und ε: Gegenverkehr

Meldepunkt: Es sind alle Texte (Index n) aus dem Speicher zu lesen, die der Bedingung

$$(P_{il} = P_{nl}) \wedge (H_{nl} = H_{il}) \wedge (t_{il} - 10 < t_{nl}) \wedge (t_{il} + 10 > t_{nl}) = L$$

gehorchen. Es handelt sich um ein Problem vierter Art. Nur kann nicht mehr ein einfacher AS-Befehl alle A-Marken setzen, da das Feld t_{nl} in zwei Bedingungen spezifiziert wird. Stattdessen werden zunächst alle Texte assoziiert, für die die Teilbedingung

$$(P_{il} = P_{nl}) \wedge (H_{nl} = H_{il}) \wedge (t_{il} - 10 < t_{nl})$$

gilt, dann im Assoziationssubjekt $t_{il} - 10$ durch $t_{il} + 10$ ersetzt, die Maske 2 in diesem Feld von O in L geändert (statt Bedingung < nun > , Rest gleichgültig), dann in diesem Feld nochmals assoziiert, wobei der Befehl ASE (Assoziiere einschränkend) benutzt wird, der alle A löscht, die der neuen Bedingung nicht gehorchen. Das Gesamtprogramm sieht dann so aus (vgl. 8.2.6):

(Setze Index)
T(n1) x
T(n2) m1
T(n2) m2
AS
CO (Ende 1)
T(n3) x
T(n4) m2
AE
Oa
LAa
1 = V
LU
Tx(n5i)   (n5i = n5 + Index)
(Erhöhe Index)
STU
LAaO
CO (Ende 2)
(Springe auf 1)

Speicherplan:

n1 Assoziationssubjekt
    Bit 11...20 $t_{il} - 10$
    Bit 21...29 P_{il}
    Bit 30...35 H_{il}
    Bit 62 L (gültig)
    alle anderen Bits gleichgültig
n2 Bit 11...20 L
    alle anderen Bits O
n3 Bit 11...20 $t_{il} + 0$
    Rest gleichgültig
n4 alle Bits O
n5 ff (später) Assoziationsobjekte, d.h. Kollisionspartner.

Das Problem vereinfacht sich, wenn man nur wissen will, ob zu dieser Bedingung überhaupt ein Kollisionspartner besteht (Problem erster Art).

Mitverkehr: Die Bedingungen β und γ lauten zusammen (vgl. 8.2):

$$(P_{il} = P_{nl})(P_{ir} = P_{nr})$$
$$\wedge \{(H_{il} > H_{nl})(H_{ir} < H_{nr}) \vee (H_{ir} > H_{nr})(H_{il} < H_{nl})$$
$$\vee (H_{il} = H_{nl}) \vee (H_{ir} = H_{nr})\}$$
$$\wedge \{(t_{il}-10 < t_{nl})(t_{ir}+10 > t_{nr}) \vee (t_{il}+10 > t_{nl})(t_{ir}-10 < t_{nr})\} = L .$$

Dieses Assoziationsgesetz wird folgendermaßen geprüft:
Zuerst werden die Identitäte in P und das Gültigkeitsbit g geprüft. Das Ergebnis wird in a gespeichert. Dann wird die erste Konjunktion in H (d.i. $(H_{il} > H_{nl}) \wedge (H_{ir} < H_{nr})$) mit dem Befehl AS geprüft. Das Ergebnis wird in b gespeichert. Dann wird ebenso die zweite Konjunktion gebildet und dem Zwischenergebnis in b mit dem Befehl LAB disjunktiv hinzugesetzt. Es sind jetzt a und b konjunktiv zu verknüpfen und das Ergebnis in a zu schreiben, d.h gewünscht ist $a \wedge b \Rightarrow a$,

damit später ebenso die Zeitbedingung hinzugefügt werden kann. Zunächst werden alle A auf L gesetzt, dann wird mit $a \stackrel{!}{=} L$ und $b \stackrel{!}{=} L$ assoziiert (Befehl AS). Dann bleiben nur diejenigen A erhalten, für die $a \wedge b = L$ ist. Das Ergebnis wird in a transportiert, das zuvor gelöscht wurde. Die Zeitbedingung wird dann wie die Höhenbedingung behandelt.

Das Programm entspricht in der Struktur dem Fall 8.2.6 d oder der oben behandelten Meldepunktskollision. Geändert hat sich nur die Assoziationsoperation. Anstelle der ersten acht Befehle in 8.2.6 tritt nun

(Setze Index)
T(n1) x
T(n2) m1
T(n3) m2
AS   (Prüfung von P und g)
O   (Ende 1, keine Assoziationsobjekte)
Oa
LAa   (Abspeichern)
T(n4) x
T(n5) m1
T(n6) m2
AS   (Prüfung 1. Konjunktion in H)
Ob
LAb   (Abspeichern in b)
T(n7) m2
AS   (Prüfung 2. Konjunktion in H)
LAb
T(n8) x
T(n2) m1
T(n8) m2
AS   (Konjunktion zwischen P und H)
Oa
LAa   (Abspeichern in a)
T(n9) x
T(n10) m1
T(n11) m2
AS   (Prüfung 1. Konjunktion in t)
Ob
LAb   (Abspeichern in b)
T(n12) x
T(n10) m1
T(n13) m2
AS   (Prüfung 2. Konjunktion in t)
LAb
T(n8) x
T(n2) m1
T(n8) m2
AS   (Gesamtassoziation)
Oa   (Ende 1, keine Assoziationsobjekte)
LAa

Von hier aus weiter wie "Meldepunktskollision", beginnend mit $1 = V$. An die Stelle von n5 tritt jedoch n14 (Ort, an den die Assoziationsobjekte (Kollisionspartner) gespeichert werden).

Speicherplan:

n1   Bit 21...29 P_{il}
     Bit 47...55 P_{ir}
     Bit 62   L (gültig)
     Rest   gleichgültig

n2   Alle Bits O
n3   Bit 21...29 L
     Bit 47...55 L
     Bit 62   L
     Rest   O
n4   Bit 30...35 H_{il}
     Bit 56...61 H_{ir}
     Rest gleichgültig
n5   Bit 30...35 L
     Bit 56...61 L
     Rest   O
n6   Bit 56...61 L
     Rest   O
n7   Bit 30...35 L
     Rest   O
n8   Bit 63...64 L
     Rest gleichgültig
n9   Bit 11...20 t_{il} -10
     Bit 37...46 t_{ir} +10
     Rest gleichgültig
n10 Bit 11...20 L
     Bit 37...46 L
     Rest   O
n11 Bit 11...20 L
     Rest   O
n12 Bit 11...20 t_{il} +10
     Bit 37...46 t_{ir} -10
n13 Bit 37...46 L
     Rest   O
n14 ff (später) Assoziationsobjekte

Gegenverkehr: Die Bedingungen δ und ϵ lauten zusammen:

$(P_{ir} = P_{nl})(P_{il} = P_{nr})$

$\wedge \{(H_{ir} > H_{nl})(H_{il} < H_{nr}) \vee (H_{il} > H_{nr})(H_{ir} < H_{nl})$

$\vee (H_{ir} = H_{nl}) \vee (H_{ir} = H_{nr})\}$

$\wedge \{(t_{ir} - 10 < t_{nl})(t_{il} + 10 > t_{nr}) \vee (t_{ir} + 10 > t_{nl})$

$(t_{il} - 10 < t_{nr})\} = L$.

Die Bedingung entspricht genau der für Mitverkehr; nur sind im Assoziationssubjekt i die Teile r und l vertauscht. Es ist also nur notwendig, die Texte n1, n4, n9 und n12 entsprechend umzustellen; danach kann man sich desselben Programmes bedienen wie im Fall des Mitverkehrs.

8.5.7 Drucken eines Flugplanes

Assoziationsproblem vierter Art. Abfrage nach Flugnummer.

8.5.8 Luftlagedarstellung

Gegeben sind einige Punkte P, ein Höhen- und ein Zeitintervall. Vorgelegt ist ein Assoziationsproblem vierter Art, bei dem das Assoziationsgesetz ähnlich verwirklicht wird wie bei der Prüfung auf Meldepunktskollision (rein konjunktive Zusammensetzung).

Beim Vergleich mit der Arbeitsorganisation auf üblichen Rechenmaschinen muß dem assoziativen Speicher zugutegehalten werden, daß in ihm immer dicht gespeichert werden kann. Für die Flugsicherungsaufgabe bedeutet das, daß in ihm immer bis zur Auffüllung des Speichers Daten aufgenommen werden können, ohne Rücksicht auf örtliche oder zeitliche Konzentrationen. Bei Listen, die nach Ort oder Zeit geordnet werden, ist das nicht oder nur wenig wirkungsvoll möglich.

8.6 Technische Einzelfragen

Gegenüber einem konventionellen Speicher liegt der Mehraufwand des vorgeschlagenen assoziativen Speichers vor allem in den 4 096 Wortschaltungen. Eine technische Verfeinerung des Konzeptes sollte daher bei ihnen beginnen.

Die in den Wortschaltungen enthaltenen Leseverstärker können um so einfacher sein, je größer das Signal und je besser der Störabstand ist. Wenn man statt des Koinzidenzbetriebes zwischen Stellenleitung und Gesamtleitung nur die Stellenleitung durchströmen läßt, kann man beliebig große Treiberströme verwenden, womit die Schaltzeiten klein und die Ausgangssignale der ummagnetisierten Kerne groß gemacht werden können. Das Störverhältnis ist ohnehin besser als im gewöhnlichen Speicher, da sich Treiberleitung (Stelle) und Leseleitung (Wort) nur einmal und rechtwinklig kreuzen. Der zusätzliche Aufwand für die stärkeren Stellentreiber (Mikrooperationen) sO und sL) ist sicher durch die Ersparnis in den Wortschaltungen zu rechtfertigen. Schließlich ergibt sich durch die kürzere Schaltzeit ein Geschwindigkeitsvorteil im Assoziationsgrundzyklus, der bei den Befehlen AS und ASE erheblich ins Gewicht fallen kann. Bei der Abschätzung des Aufwandes für die Wortschaltungen darf dem Konzept zugutegehalten werden, daß alle Wortschaltungen gleich sind.

Die Befehlsliste des Speichers kann mit wenigen zusätzlichen Mikrooperationen erweitert werden, um Adressenoperationen einzuführen. Man kann die den Identifiziererstellenschaltungen zugeordneten Register mit einer Adresse füllen und durch konsekutives Betätigen der Treiber genau ein A-Flipflop markieren.

Bezüglich der Zuverlässigkeit des Systems dürfen geringere Ansprüche gestellt werden als bei konventionellen Speichern. Wenn in einem Adressenspeicher eine Zelle nicht mehr benutzbar ist, wird damit im allgemeinen der ganze Speicher unbrauchbar. Im hier projektierten assoziativen Speicher kann aber jede Zelle für jede andere einspringen, da keine ausgezeichnet ist. Bei Ausfall einer Zelle verringert sich lediglich die Speichergröße um einen Text; es sind aber weiter alle Operationen sinnvoll. Man muß nur neben dem (logischen) Gültigkeitsbit noch ein weiteres, technisches Gültigkeitsbit führen, durch das untaugliche Zellen bzw. Wortschaltungen markiert werden.

8.7 Leistungsfähigkeit

Um eine Vorstellung von der Leistungsfähigkeit eines assoziativen Speichers der vorgeschlagenen Art zu geben, sind Zeitvergleiche für verschiedene Aufgaben gemacht worden. Dabei wird dem assoziativen Speicher ein Parallelrechner mit 2 MHz Taktfrequenz und einer Speicherzykluszeit von 6 µs gegenübergestellt. Weiter ist vorausgesetzt:

Alle Transporte 15 µs
AS 250 µs
Sprünge 2 µs
STU 30 µs
V 20 µs .

Alle Zeiten annähernd und in Mikrosekunden. Es ist angenommen, daß Folgen von Speicherbefehlen nicht durch Zeiten für die Abrufphase belastet sind.

Bei Vergleich mit den Zeiten, die für 4 096 Texte im Rechner angenommen sind, muß folgendes berücksichtigt werden:
a) Wenn eine geschickte Speicherorganisation möglich und billig aufrechtzuerhalten ist, ermäßigen sich die Zeiten des Rechners erheblich.
b) Die Textlänge im assoziativen Speicher ist wesentlich größer als die Wortlänge in den meisten Rechnern. Daher müssen gegebenenfalls die Rechnerzeiten erhöht werden.

	Assoziativer Speicher für 4 096 Texte	Rechner für 1 Text	Rechner für 4 096 Texte
Problem 1. Art	300	50 (Mittel)	$\frac{200.000}{k+1}$
Problem 2. Art	310 + 25 k	60	200.000
Problem 3. Art	350	50 (Mittel)	$\frac{200.000}{k+1}$
Problem 4. Art	310 + 85 k	50	200.000
Assoziatives Löschen	305	50	200.000
Eingeben von f Überflügen	5 + 60 f	} sehr stark von Organisation abhängig	
Löschen eines Flugplans	305		
Kollisionsprüfung Meldepunkt	585 + 80 k	90	360.000
Mitverkehr Gegenverkehr	1970 + 80 k	400	1600.000

k Anzahl der Assoziationsobjekte (bzw. Kollisionspartner)

Verzeichnis der verwendeten Formelzeichen zu Kapitel 1 bis 7

a	Anzahl der binären Ausgangsvariablen eines Zuordners (2.2)
a	Augendenstelle (2.3)
a	Binärstelle eines Textes α
a	Länge der Adresse in einem Speicher (5.4)
a_ν	Bit des Assoziationssubjektes (5.3.4)
α	Ein Text (4.1)
b	Addendenstelle (2.3)
b	Anzahl von Befehlen (5.4)
b	Bit des Assoziationsobjektes (5.3.4)
β	Ein Text (4.2)
$b_\nu(\eta)$	Monome in B' (4.4)
$B(\varphi,\eta)$	Assoziationsgesetz (4.2)
$B'(\eta)$	Durch Einsetzen des Assoziationssubjektes φ reduziertes Assoziationsgesetz (4.4)
c	Übertragungsstelle (2.3)
c	Länge eines Codezeichens (5.4)
d	Kennzeichenbits zur Durchführung des Algorithmus von Frei und Goldberg (7.3)
d_ν	Detektorbit (7.8)
e	Anzahl der binären Eingangsvariablen eines Zuordners (2.2)
f	Anzahl der Speicherabfragen (7.3)
$i_{\mu\nu}$	Identität (binär) zwischen Assoziationssubjekt und Text µ im Kollektiv, Stelle ν (7.8)

h	Obere Grenze der Häufigkeit eines Textes im Kollektiv (5.2.3)
j	Natürliche Zahl (5.3.4)
I	Stromstärke (7.4)
k	Anzahl der Assoziationsobjekte (5.3.4)
K_A	Assoziationskapazität. Dualalgorithmus der Anzahl der Kollektive, die bei gegebenem Assoziationsproblem und -gesetz bestenfalls unterscheidbar sind (5.2.3). Weitere Indizes 1.2 beziehen sich auf die Art des Assoziationsproblems.
K_K	Kollektivkapazität. Duallogarithmus der Anzahl verschiedener möglicher Kollektive. Hängt ab von Textzahl und Textlänge (5.2.3)
K_O	Organisationskapazität. Duallogarithmus der Anzahl der mit einer gegebenen Organisation darstellbaren Kollektive (5.2.3)
l	Wortlänge in einem Adreßspeicher (5.4)
m	Maskenbit (7.8)
n	Stellenzahl (2.3)
n	Länge des Kennzeichenteiles im Speicherwort (7.3)
N	Anzahl der Ausgangswerte eines Zuordners (2.2)
N	Anzahl der Texte in einem Kollektiv (5.2.3)
N_{max}	Obere Grenze der Textanzahl eines Kollektivs (5.2.3)
n	Nulltext (4.7)
s	Summandenstelle (2.3)
$s_v = \sum_i v_i t_i$	Verknüpfungssumme (Verknüpfungseffekt - Zeit - Produkt)
$\bar{s}_v$	Mittlere Verknüpfungssumme (5.3.4)
S	Speicherraum zur Unterbringung des Kollektivs (hängt ab von Organisation und Kollektiv) (5.2.3)
t_i	Anzahl der Takte, die die Schaltung i arbeitet
v_i	Verknüpfungseffekt einer Schaltung i
x	Bits des Assoziationssubjektes (5.3.4; 7.4)
X	Kennzeichen für ein Bit gleichgültigen Inhaltes (7.3)
$\varkappa$	Assoziationssubjekt
y	Bits der Kollektivtexte (Speicherwörter) (5.3.4; 7.4)
$\eta\gamma\nu$	Texte des Kollektivs (4.2)
$\eta\gamma$	Ein Kollektiv (Textmenge) (4.2)
λ	Länge eines Textes in Bit (4.1)
μ	Anzahl der unbestimmten Stellen bei einer Assoziationsaufgabe mit Teilidentität als Assoziationsgesetz (5.3.4)

Literaturverzeichnis

[1] W. Haack, W. Hildebrandt: Die Arbeitsvorgänge einer elektronischen Rechenmaschine für den Flugsicherungsdienst, im besonderen die Erkennung von Kollisionsgefahren. Telefunkenzeitung 32, 126 (1959), S. 3-10; Wehr und Wirtschaft 4 (1960), Nr. 8, S. 30 ff.

[2] W. Haack: Beitrag zur Automatisierung des Flugsicherungsdienstes. Umschau 61 (1961), Nr. 1, S. 7 ff.

[3] W. Haack: Automation des Flugsicherungsdienstes mittels digitaler Rechenautomaten. Mathematik, Technik, Wirtschaft 8 (1961), S. 1-8.

[4] W. Haack, F. R. Güntsch: Collision Warning by Electronic ATC Computers. Vortrag auf der dritten internationalen Diskussionstagung "Minderung der Kollisionsgefahr in Schiffahrt und Luftfahrt durch Hilfe von Land und von Boden", Düsseldorf 1961; erschienen in Journal of the Institute of Navigation of the Royal Geographic Society, 15 (1962), Nr. 2, S. 158-163.

[5] E. Jessen: Schnelle Kollisionsprüfung für die Flugsicherung. Elektronische Datenverarbeitung 10 (1961), S. 93-99.

[6] H. Springer: Digitalradar - automatische Luftraumbeobachtung mit einer elektronischen Rechenmaschine. Umschau 63 (1963), Nr. 3, S. 81-85.

[7] Shooman: Parallel Computing with Vertical Data. Proceedings of the Eastern Joint Computer Conference, Dez. 1960, S. 111-115.

[8] Aristoteles: Über das Gedächtnis, in "Parvia Naturalia".

[9] E. Schäfer: Das menschliche Gedächtnis als Informationsspeicher. Elektronische Rundschau, 14, Nr. 3, S. 79-84. Hierin ausführliche Zusammenstellung weiterer Arbeiten über das Gedächtnis und technische Speicher.

[10] Hofstätter: Psychologie, in der Reihe "Das Fischer-Lexikon".

[11] W. Händler: Lernprozesse als Leitbild für die Programmierung. Annales Universitátis Saraviensis, Serie Naturwissenschaften, 10 (1962), Heft 4.

[12] Notiz in "Die Zeit" vom 10. 8. 1962.

[13] A. E. Slade, H. O. McMahon: A Cryotron Catalog Memory System. Proceedings Eastern Joint Computer Conference, Dez. 1956, S. 115-120.

[14] A. E. Slade: The Woven Cryotron Memory. Proceedings of the International Symposion on the Theory of Switching, April 1957, in Harvard Computation Laboratory Series.

[15] A. E. Slade, C. R. Smallman: Thin Film Cryotron Catalog Memory. Proceedings of the Symposion on Superconductive Techniques for Computer Systems, Mai 1960; Solid State Electronics, Bd. 1 (1960), S. 357 - 362 und Automatic Control 13 (1960), Nr. 2, S. 48-50.

[16] Mitteilung von J. W. Carr in Conference Summary. Proceedings Eastern Joint Computer Conference, Dez. 1956, S. 147 ff.

[17] R. R. Seeber: Associative Self-Sorting Memory. Proceedings Eastern Joint Computer Conference Dez. 1960, S. 179-187.

[18] W. L. McDermid, H. E. Petersen: A Magnetic Associative Memory System. IBM-Journal of Research and Development 5 (1961), S. 59-62.

[19] I. R. Kiseda, H. E. Petersen, W. C. Seelbach, M. Teig: A Magnetic Associative Memory. IBM-Journal of Research and Development 5 (1961), S. 106-121.

[20] R. R. Seeber, A. B. Lindquist: Associative Memory with Ordered Retrieval. IBM-Journal of Research and Development 6 (1962), S. 126-136.

[21] E. H. Frei, I. Goldberg: A Method for Resolving Multiple Responses in a Parallel Search File. IRE-Transactions on Electronic Computers, Dez. 1961.

[22] K. Steinbuch: Die logische Verknüpfung als Einheit der Nachrichtenverarbeitung. Nachrichtentechnische Zeitschrift, 12 (1959), S. 169-175.

[23] J. Weinmüller: Hilfsmittel zur Vereinfachung von Schaltfunktionen. Elektronische Rechenanlagen 3 (1961), S. 123-129.

[24] A. P. Speiser: Digitale Rechenanlagen, Berlin 1961.

[25] H. Wettstein: Suchverfahren im Arbeitsspeicher elektronischer Rechenanlagen. Elektronische Datenverarbeitung Heft 3, (1962), S. 97-103.

[26] G. G. Stetsyura: Ein neues Prinzip für den Bau eines Speichers, Dokl. Akad. Nauk. SSSR, Bd. 132, S. 1291-1294, Juni 1960.

[27] D. Schrödter: Assoziative Speicher, Auftrag E 19 des Sektors Mathematik des Hahn-Meitner-Institutes Berlin, 1963.

[28] V. L. Newhouse, R. E. Fruin: Data Adressed Memory Using Thin Film Cryotrons. Electronics, 4.5.62, S. 31 ff.

[29] N. S. Prywes, H. I. Grey: Multi-List Organized Associative Memory. Moore School of Electrical Engineering, University of Pennsylvania, Jan. 1962.

[30] P. M. Davies: A Simplified Superconductive Associative Memory, Proceedings AFIPS Spring Jount Computer Conference, Mai 1962.

[31] Rosin: An Organisation of an Cryogenic Associative Computer. Proceedings AFIPS Spring Joint Computer Conference, Mai 1962.

[32] C. V. Lee, M. C. Pauli: A Content Adressable Distributed Logic Memory with Applications to Information Retrieval. Proceedings IEEE 51 (1963), S. 924-932.

[33] E. Fredkin: Trie Memory. Communications of the ACM, 3 (1960), S. 490-499.

[34] (ohne Verfasser) New "Tag" Memory System. Computers and Automation 12 (1963), Nr. 4, S. 36.

[35] Th. Maguire: Superconductive Computers. Electronics 34 (24.11.61), S. 50 ff.

[36] A. I. Learn: A Cryotron Associative Memory. Space Technology Laboratories, Technischer Bericht.

[37] M. H. Lewin: Retrieval of Ordered Lists from a Content-Addressed Memory. RCA-Review 23 (1962), S. 215-229.

[38] E. J. Gauß: Locating the Largest Word in a File Using a Modified Memory. Journal of the ACM, 8 (1961), S. 418-425.

[39] E. A. Coil: A Multi-Adressable Random Access File System. 1960 IRE Wescon-Convention Record, Teil 4, S. 42-47.

[40] R. R. Lussier, R. P. Schneider: All-Magnetic Content Addressed Memory. Electronic Industries New York, 22 (1963), S. 92-98.

[41] V. O. Muth, A. K. Scidmore: A Memory Organization for an Elementary List-Processing Computer. IEEE-Transactions on Electronic Computers 12 (1963), S. 262-265.

[42] E. Jessen: Über dem Umfang der Zeitskala bei der automatischen Kollisionskontrolle. Bericht Nr. 18 der Reihe "Digitale Auswertung von Radarinformationen", Rechenin stitut Technische Universität Berlin, Prof. Dr. W. Haack und Hahn-Meitner-Institut Berlin, 1960.

[43] A. Falkoff: Algorithms for Parallel-Search Memories. J.A.C.M. (9, 1962), S. 488 ff.

[44] M. F. Wolff: What's new in Computer Memories. Electronics 8.11.63.

[45] G. T. Tuttler: How to quiz a Memory at once. Electronics 36, Nr. 46 (15.11.63).

[46] W. Händler: Digitale Universalrechenautomaten, in Taschenbuch der Nachrichtenverarbeitung, herausgegeben von K. Steinbuch, Berlin 1962.

[47] R. W. Ahrons: Superconductive Associative Memories. RCA Rev. Vol. 24, Nr. 3, (Sept. 1963), S. 325-354.

[48] W. Hilberg: Überlegungen zur Frage der Realisierung des assoziativen Gedächtnisses. Technischer Bericht 16/64 des Telefunken-Forschungsinstituts Ulm.

[49] W. Hilberg: Detektormatrix für Mehrfachassoziationen. Technischer Bericht 43/64 des Telefunken-Forschungsinstituts Ulm.

[50] B. F. Cheydleur: SHIEF, a Realizable Form of Associative Memory. Amer. Doc. 14, 1 (Jan. 63).

[51] E. S. Lee: Associative Techniques with Complementing Flipflops. Proc. Spring Joint Computer Conference 1963.

[52] J. E. McAteer, I. A. Capobianco und R. L. Koppel: Associative Memory System Implementation and Characteristics. AFIPS 1964 Fall Joint Computer Conference.

[53] R. G. Ewing, P. M. Davies: An Associative Processor. AFIPS 1964 Fall Joint Computer Conference.

[54] R. G. Gall: A Hardware-Integrated GPC - Search - Memory. AFIPS 1964 Fall Joint Computer Conference.

[55] Content-Addressable Memory Systems by R. H. Fuller (Calif.U.); Rept. No. 6325, Contract Nonr 23352, 549 pp., June 1963; U.S.Gav.Res.

[56] On ordered retrieval from an Accociative Memory by L. Johnson and M. McAndrew (IBM); IBM J. Res. and Dev., Vol. 8, pp. 189-193; Apr. 1964.

[57] Content-Addressable Distributed-Logic Memories by R. Edwards (Sperry Rand); Proc. IEEE, Vol. 52, pp. 83-84 (L), Jan. 1964.

[58] A Content Addressable Distributed Logic Memory with Applications to Information retrieval by E. Spiegelthal (C-E-I-R); Proc. IEEE, Vol. 52, p. 74 (L), Jan. 1964.

[59] J. I. Raffel and T. S. Crowther: A Proposal for an Associative Memory Using Magnetic Films. Proc. IEEE, No. 5, pp. 611; Oktober 1964.

[60] H. S. Miller: Resolving Multiple Responses in an Associative Memory. Proc. IEEE, No. 5, pp. 614-616; Oktober 1964.

Nachbemerkung:
Um eine möglichst vollständige Übersicht über die Literatur des Themas zu geben, sind auch einige Arbeiten aufgeführt, die im Text nicht berücksichtigt werden konnten.

Digitale Informationswandler

Probleme der Informationsverarbeitung in ausgewählten Beiträgen
Selected Articles on Problems of Information Processing
Une sélection d'articles techniques sur les problèmes concernant le traitement d'informations

Herausgegeben von WALTER HOFFMANN, Rüschlikon/ZH, unter Mitarbeit von 25 Fachwissenschaftlern. Gr. 8°. XXIV, 740 Seiten mit 173 Abbildungen und ca. 2100 Literaturanführungen. 1962. Leinen. DM 94,–.

Inhalt: *Heinz Zemanek*, Wien: Automaten und Denkprozesse – *Ambros P. Speiser*, Zürich: Neue technische Entwicklungen – *Rudolf Tarján*, Budapest: Logische Maschinen – *Theodor Erismann*, Schaffhausen: Digitale Integrieranlagen und semidigitale Methoden – *Herman H. Goldstine*, New York: Interrelations between Computers and Applied Mathematics – *Friedrich L. Bauer*, Mainz, und *Klaus Samelson*, Mainz: Maschinelle Verarbeitung von Programmsprachen – *Willem Louis van der Poel*, Den Haag: Micro-programming and Trickology – *Robert W. Bemer*, New York: The Present Status, Achievement and Trends of Programming for Commercial Data Processing – *Hans Konrad Schuff*, Dortmund: Probleme der kommerziellen Datenverarbeitung – *Yehoshua Bar-Hillel*, Jerusalem: Theoretical Aspects of the Mechanization of Literature Searching – *Erwin Reifler*, Seattle: Machine Language Translation – *Konrad Zuse*, Bad Hersfeld: Entwicklungslinien einer Rechengeräte-Entwicklung von der Mechanik zur Elektronik – *Jan Oblonsky*, Praha, und *Antonín Svoboda*, Praha: Computer Progress in Czechoslovakia – *Hideo Yamashita, Motinori Goto, Yasuo Komamiya, Hidetosi Takahasi, Eiichi Goto, Shigeru Takahashi, Hiroji Nishino, Tohru Motooka* und *Noriyoshi Kuroyanagi*, Tokyo: Digital Computer Development in Japan – *Walter Hoffmann*, Rüschlikon/ZH: Entwicklungsbericht und Literaturzusammenstellung über Ziffern-Rechenautomaten – Namen- und Sachverzeichnis.

Der vorliegende Sammelband befaßt sich mit digitalen Informationswandlern im Sinne der Informationsmaschine und bringt 16 Beiträge (davon 8 in deutscher und 8 in englischer Sprache) zu diesem Gebiet, wobei auch beim Einsatz digitaler Informationswandler auftretende Probleme der Informationsverarbeitung behandelt werden. Der Sammelband „Digitale Informationswandler" stellt ein wissenschaftliches Buch dar, das in der Mitte steht zwischen den spezielle Einzelprobleme behandelnden, zahlreichen, in verschiedenen Fachzeitschriften und Fachberichten verstreuten Artikeln und einer, einen mehr oder weniger abgeschlossenen Wissenschaftszweig behandelnden Monographie.

Ausführlicher Prospekt auf Anforderung

FRIEDR. VIEWEG & SOHN — BRAUNSCHWEIG

If you have any concerns about our products,
you can contact us on
ProductSafety@springernature.com

In case Publisher is established outside the EU,
the EU authorized representative is:
**Springer Nature Customer Service Center GmbH
Europaplatz 3, 69115 Heidelberg, Germany**

Printed by Libri Plureos GmbH
in Hamburg, Germany